少年学AI

超实用AI工具

高效使用指南

雷波◎编著

化学工业出版社

·北京·

内容简介

本书是一本专为青少年打造的AI工具高效实践手册，聚焦前沿技术应用与真实场景融合，通过“工具解析+案例实战+创意进阶”的三维教学模式，帮助读者快速掌握AI工具的核心操作与创新技巧。

全书以“AI工具赋能成长”为主线，系统拆解AI工具在绘画、音乐制作、视频创作、零代码编程等领域的实际应用，覆盖DeepSeek、可灵、即梦、通义万相等多个主流平台。每个章节均以“功能解析—操作指南—项目实战”为框架，通过超实用案例，引导青少年从AI工具使用者进阶为创意实践者。

本书不仅提供技术指导，更注重培养计算思维、跨学科整合与问题解决能力。无论是零基础学生，还是教师、家长，均可通过书中详实的步骤拆解与场景化方案，实现即学即用、举一反三，让AI真正成为学习、社交与特长培养的智能伙伴。

图书在版编目（CIP）数据

少年学AI ：超实用AI工具高效使用指南 / 雷波编著.
北京 ：化学工业出版社，2025. 6. -- ISBN 978-7-122-48008-8

Ⅰ. TP18-49

中国国家版本馆CIP数据核字第2025YT9761号

责任编辑：潘　清　孙　炜　　　封面设计：异一设计
责任校对：宋　夏　　　装帧设计：盟诺文化

出版发行：化学工业出版社（北京市东城区青年湖南街13号　邮政编码100011）
印　　装：北京瑞禾彩色印刷有限公司
710mm × 1000mm　1/16　印张10　字数200千字　2025年7月北京第1版第1次印刷

购书咨询：010-64518888　　　售后服务：010-64518899
网　　址：http://www.cip.com.cn
凡购买本书，如有缺损质量问题，本社销售中心负责调换。

定　　价：59.00元

前　言

在这个AI技术飞速发展的时代，掌握工具的高效应用，比单纯理解技术原理更为重要。对于青少年而言，AI不仅是打开未来世界的钥匙，更是激发潜能、实现创意表达的超级助手。本书正是基于这一洞察，为青少年量身打造的AI工具高效使用手册。

全书以“工具赋能，释放创造力”为目标，通过8大章节系统拆解AI技术的核心场景。

工具为舟，探索无界

本书第1章从人工智能的基础认知出发，结合智慧驾驶、智能家居等生活化案例，揭示AI技术的底层逻辑。

实战为桨，进阶突破

第2至第6章聚焦AI工具的高效操作。在AI绘画领域，读者将学习从线稿生成、风格迁移到二次元角色设计的全流程技巧；在AI音乐与视频板块，通过“课文变流行曲”“静态图片转动态视频”等创意项目，体验AI技术赋能的表达革新；零代码编程章节则打破“编程难”的固有认知，引导青少年用AI工具独立开发趣味游戏，在实践中理解算法思维。

场景为帆，赋能成长

第7至第8章深入社交与特长培养场景，解锁AI工具的多元价值。无论是设计MBTI趣味测试、策划班级活动，还是通过AI私教突破围棋瓶颈、定制科学健身计划，书中案例均以“真实需求”为导向，让技术回归生活本质。通过这些实践，我们希望传递一个核心理念：AI工具的价值不仅在于“能做什么”，更在于“如何用它解决实际问题、释放个性潜能”。

为什么本书值得一试?

AI工具全覆盖，上手零门槛。本书精选国内外主流AI平台，详解操作技巧，无须代码基础，5分钟即可产出高质量作品。

场景化实战，解决实际问题。所有案例均源自真实学习与生活需求，如“创作班歌”“设计社团LOGO”“为课文配乐”等，让技术学习与兴趣探索无缝衔接。

成长型思维培养。通过“工具实操—创意优化—作品迭代”的闭环训练，引导青少年从“模仿者”进阶为“创造者”，培养解决问题的核心能力。

写给未来的创造者

青少年是未来的主角，而AI则是这个时代赠予青少年的一份特殊礼物。它不仅是改变世界的技术，更是一种全新的思维方式：敢于想象、勇于实践、乐于合作。希望这本书能成为每一位读者探索AI世界的起点，在兴趣的驱动下，收获知识、技能与自信，在AI的星河中，找到属于自己的璀璨光芒。

雷　波

特别提示

在编写本书时，笔者参考并使用了当时最新的AI工具界面截图及功能作为实例进行编写。然而，由于从书籍的编撰、审阅到最终出版存在一定的周期，在这个过程中，AI工具可能会进行版本更新或功能迭代，因此实际的用户界面及部分功能可能与书中所示有所不同。

提醒各位读者在阅读和学习的过程中，要根据书中的基本思路和原理，结合当前所使用的AI 工具的实际界面和功能进行灵活变通和应用，举一反三。

目　录

CONTENTS

第 3 章　用 AI 玩转音乐艺术

第 4 章　用 AI 制作视频

第 5 章　用 AI 体验零代码编程

第 6 章　用 AI 进行个性化创作

第 7 章　用 AI 玩转社交

第 8 章　AI 助力特长培养

第 1 章　初识人工智能

什么是人工智能

广义的人工智能

广义的人工智能（AI）是指使计算机能够执行那些通常需要人类智能才能完成的任务的技术的总称。它包括很多领域，如机器学习、深度学习、自然语言处理、机器视觉、专家系统等。广义的AI追求的是使计算机能够像人类一样具有全面的认知能力，能够在各种复杂的、不确定的环境中做出决策和解决问题。

狭义的人工智能

狭义的人工智能，也称为弱AI，是指旨在执行特定任务或有限范围任务的AI。它是最常见的人工智能类型，广泛用于各种应用，如面部识别、语音识别、图像识别、自然语言处理和推荐系统等。狭义的人工智能主要使用工程学方法实现，即利用传统的编程技术展现出绝对性的被动智能。采用这种方法的人工智能算法是固定的、机械式的，只能根据预设的规则和条件进行运作。

对人工智能的通俗理解

人工智能的工作原理主要包括感知、推理和决策3个阶段。简单来说，就是让机器能够像人一样思考、学习和解决问题的技术。在日常生活中，其实已经有很多应用都是基于人工智能的。

比如，人们常用的智能手机里的语音助手，如苹果的Siri、华为的小艺、小米的小爱同学等，它们能够听懂人们说的话，帮助人们查天气、定闹钟、发微信，甚至还能讲笑话。这就是人工智能在语音识别和自然语言处理方面的应用。

在网上购物时，系统推荐的那些商品，很多时候也是基于人工智能的算法来决定的。系统会根据用户的购物历史和浏览习惯，推荐用户可能感兴趣的商品，这其实就是人工智能在大数据分析和个性化推荐方面的应用。

另外，现在很多城市都在推广的智能交通系统，也是人工智能的一个重要应用。比如，智能信号灯可以根据交通流量来自动调整信号灯的配时，减少拥堵；而自动驾驶汽车则可以通过传感器和算法来感知周围的环境，并做出相应的驾驶决策，这都是人工智能的典型应用。

2024年，中国的若干个无人机群表演在全球范围内引起轰动，如在深圳的无人机表演中，7598架无人机被一台电脑精准控制，展示了现代无人机技术的奇迹，表演的主题分别为“国际”“文化”“科技”“创新”“活力”，每个主题都与深圳的城市特色相结合。要让这些无人机在不相撞的情况下实现精准定位，并创造出令人惊叹的视觉效果，也少不了人工智能技术的参与。这种表演不仅提升了城市形象，还促进了当地文旅消费，拉动经济增长。

在2025年的春节联欢晚会上，一群名为“福兮”的机器人惊艳亮相。它们穿着喜庆的东北花袄，手持红手绢，与舞蹈演员一起表演了传统秧歌。这些机器人不仅能灵活地扭腰、踢腿，还能完成高难度的“转手绢”动作。更厉害的是，它们是通过人工智能算法学习舞蹈动作的。16台机器人还能通过激光雷达感知位置，自动变换队形，全程零碰撞。

人工智能发展的历史长河

人工智能（Artificial Intelligence, AI）的研究和发展历史可以追溯到20世纪，以下是人工智能从诞生至今的主要发展历程。

早期思想和概念

1943 年：神经网络的诞生

沃伦·麦卡洛克（Warren McCulloch）和沃尔特·皮茨（Walter Pitts）提出的人工神经元模型为神经网络的发展奠定了基础。尽管当时的模型相对简单，但它为后来更复杂的神经网络和深度学习算法的发展铺平了道路。

1950年：图灵测试理论

1950年，艾伦·图灵（Alan Turing）发表了著名的论文《计算机器与智能》（Computing Machinery and Intelligence），提出了图灵测试作为衡量机器智能的标准。

1956年：人工智能的正式诞生

在达特茅斯学院举行的会议上，约翰·麦卡锡（John McCarthy）等科学家正式提出了“人工智能”的概念，并开始了对这一领域的研究。这次会议被认为是人工智能学科的起点。

早期发展、沉淀与复兴

20世纪60年代初期至中期：人工智能的早期发展

早期的AI研究主要集中在基于逻辑和规则的系统，如专家系统和推理引擎。

1969年：人工智能发展的滑铁卢

马文·闵斯基（Marvin Minsky）和西摩·帕普特（Seymour Papert）的著作《感知机》（*Perceptrons*）指出了单层神经网络的局限性，导致AI研究进入“冬天”。

20世纪80年代：连接机制的兴起

大卫·鲁梅尔哈特（David Rumelhart）、杰弗里·辛顿（Geoffrey Hinton）和罗纳德·威廉姆斯（Ronald Williams）提出了反向传播算法，在这一时期得到了广泛应用，它使得神经网络能够通过调整内部权重来优化性能。这一技术的应用，推动了神经网络在模式识别、语音识别等领域的应用。

互联网时代和大数据

2006 年：深度学习的突破性进展

2006年，辛顿等人提出了深度信念网络（DBN），这一模型通过使用无监督学习对网络的每一层进行预训练，然后通过有监督学习对整个网络进行调优。这一工作为后来的深度学习算法，如卷积神经网络（CNN）和循环神经网络（RNN）的发展奠定了基础。

2014 年：科技巨头入局

谷歌收购了DeepMind，这是一家专注于人工智能研究的公司，后来开发了著名的AlphaGo程序。

人工智能的“大航海”时代

2016 年：人工智能名声具现

AlphaGo是谷歌DeepMind开发的一款围棋人工智能程序，它利用深度学习和强化学习技术，在2016年击败了围棋世界冠军李世石，展示了人工智能在解决复杂问题上的强大能力。2018年，OpenAI的Dota 2 AI在一场表演赛中击败了职业玩家。

2020年，世界上最知名的人工智能公司OpenAI发布GPT-3，具有1750亿个参数，其庞大的参数赋予它强大的语言理解和生成能力，人工智能开始商业化。

2021年1月，OpenAI趁热打铁，发布文生图片模型DALL · E。当前最新版本为DALL · E3。

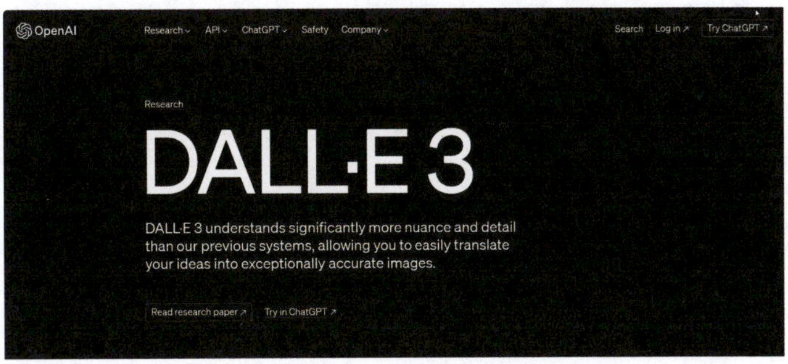

2022年3月，Midjourney研究实验室发布现今最成功的AI绘画软件之一Midjourney，它的Text to Image（文生图）模式可以根据用户的文字描述自动生成图片。

2022年7月，Stability AI公司发布了AI绘画软件Stable Diffusion。相比于Midjourney，Stable Diffusion的可控性更高，并且开源的模型可以让更多人参与该软件的使用和开发，进一步推动AI绘画的普及与发展。当前最新版本为Stable Diffusion 3。

2022年7月29日，诗云科技发布AI数字人生成平台HeyGen，它可以生成高度仿真的数字人形象，并通过出色的语音克隆和口型同步功能模仿真人。

2022年12月1日，OpenAI将对话式UI和GPT-3.5系列模型结合，发布ChatGPT，其自然语言理解能力更加强大，在多个领域都有广泛应用。

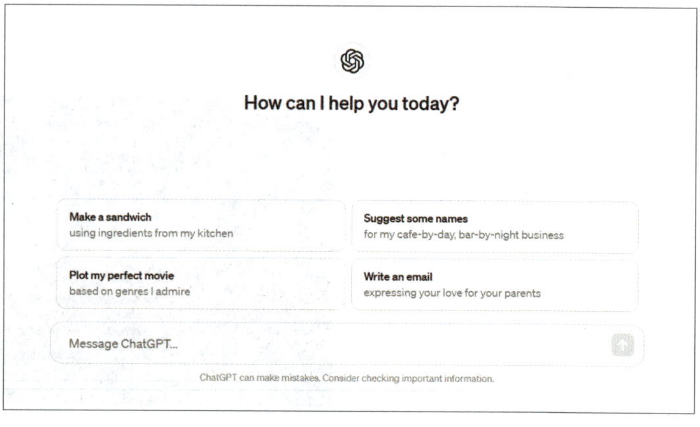

2023年2月，Runway公司发布视频生成工具Runway，2023年11月2日更新Gen-2版本；在Text to Image（文生图）的基础上，实现了Text to Video（文生视频）、Image to Video（图生视频）两项功能。

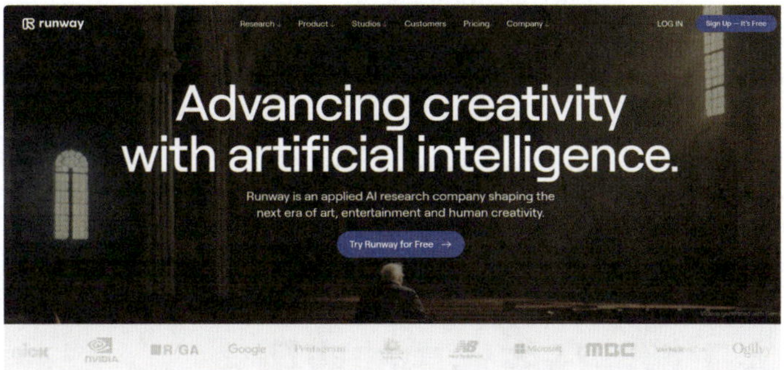

2024年2月25日，OpenAI发布人工智能文生视频大模型Sora，可以根据创作者的文本提示，模拟真实物理世界，生成最长60秒的逼真视频。

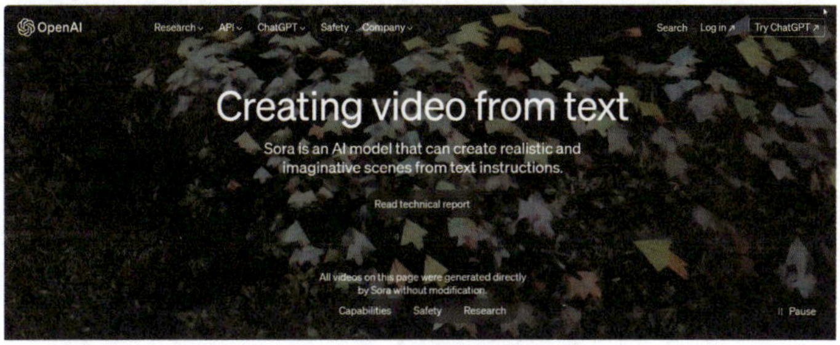

2024年5月14日，发布GPT-4o，在一定程度上颠覆了以往人类与计算机交互的模式：通过几乎实时的响应速度，以及与人类相近的、带有音调和语气的回复，使得人类与计算机的交互变得更加真实和顺畅。

2025年1月20日，杭州深度求索人工智能基础技术有限公司发布了采用强化学习技术提升模型推理能力的DeepSeek-R1。该模型通过强化学习技术显著提升了推理能力，成为大模型行业的重大突破。

如今，AI领域的发展已不再是遥不可及的技术，而是渗透至人们生活的每一个角落，每天都有新的探索和发现。AI正在与各行各业实现深度融合，无论是历史悠久的制造业、服务业，还是充满活力的互联网行业、媒体行业，都在努力寻找与AI的契合点。随着时间的推移，AI将逐渐融入人们的日常生活，成为人们生活中不可或缺的重要元素。

人工智能在生活中的应用

在人们生活的世界中，人工智能（AI）已经不再是神秘的存在，而是成了现实生活的一部分。正如麦卡锡所言，一旦一样东西用人工智能实现了，人们就不再称它为人工智能了。这种现象表明，人工智能已经悄无声息地渗透到人们的日常生活中，以至于有时甚至没有意识到它的存在。

智慧驾驶

人工智能在智慧驾驶领域的应用已经取得了显著的进展，极大地改变了人们的出行方式和驾驶体验。例如，自动驾驶汽车的出现，它通过集成先进的传感器、计算机视觉、自然语言处理、机器学习等技术，实现了在复杂道路环境中的自主导航和驾驶。自动驾驶汽车可以分为不同的等级，从辅助驾驶（如自适应巡航、车道保持等）到完全自动驾驶，人工智能正逐渐使驾驶员的角色从操作者转变为乘客。

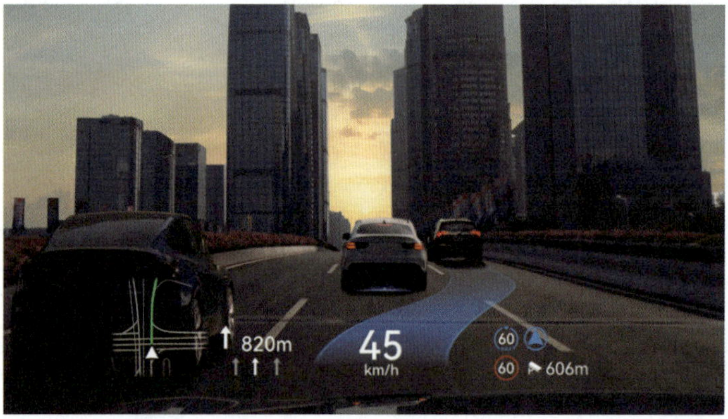

智能出行

在出行服务方面，人工智能也发挥了重要作用。许多在线旅游服务商，如携程网、途牛旅游网等，利用人工智能技术为用户提供更便捷、个性化的旅行服务。这些平台可以根据用户的偏好和历史数据，推荐适合的旅游目的地、酒店和行程安排。同时，通过智能客服系统，用户可以快速获得与旅行相关的信息和帮助，提升出行体验。

智能家居

智能家居系统可以通过语音助手或手机应用来控制家中的灯光、空调、电视等设备，实现智能化生活。智能音箱可以通过语音识别技术来执行用户的指令，如播放音乐、查询天气等。

同时，智能安防系统可以通过人脸识别、视频监控等技术来保障家居安全。

AI如何点燃青少年的兴趣和热情

赋能真实场景

在课外科技创新活动中，AI技术为青少年提供了将课堂知识转化为解决实际问题的工具。让青少年能够突破传统的课堂限制，通过动手实践验证创意，将传感器、算法、编程等知识融入项目开发，真正体验“科技改变生活”的成就感。

发现兴趣

每个人心中都潜藏着未被发掘的热爱，而AI就像一位智慧的引路人，能通过数据分析与智能推荐帮人们拨开迷雾。例如，通过兴趣测评工具，AI能根据每个人的性格特点、知识储备和日常行为模式，推荐适合的课外方向——无论是编程、天文观测、创意写作，还是机器人设计。一些平台甚至能模拟不同领域的实践场景，比如虚拟化学实验室或3D艺术工坊，让每个青少年在零成本试错中感受兴趣的萌芽。

个性化学习

传统教育模式往往用统一标准衡量所有人，而AI技术能为青少年打造专属的学习方案。假设对音乐感兴趣，AI不仅能推荐从基础乐理到编曲技巧的阶梯课程，还能根据练习数据动态地调整难度；若痴迷历史，AI可以结合青少年的阅读偏好，生成互动时间轴或虚拟历史人物对话，让知识以更鲜活的方式呈现。这种“量身定制”的体验，能让青少年在兴趣深耕中持续获得成就感，避免因难度错配而半途放弃。

打破边界

AI正在消除教育资源的地域鸿沟。无论身处城市还是乡村，都能通过智能平台接触全面化的知识。语言不再是障碍——实时翻译工具可以实现直接阅读外文文献，AI助教能解答编程难题，甚至模拟辩论对手与你切磋思辨能力。更有趣的是，生成式AI能协助青少年将创意落地：用文字生成漫画分镜，用代码片段搭建游戏原型，或者将科学幻想转化为可视化模型，这种即时反馈会不断激发青少年的探索欲。

让创造力觉醒

AI不仅是工具，更是激发创新的催化剂。当使用AI绘画工具将诗句转化为视觉艺术，用智能机器人套件搭建环保监测装置，或者训练语音模型为自制动画配音时，这些实践会让青少年意识到：技术能放大人类的创造力而非取代。更重要的是，AI项目往往需要跨学科兴趣思维——设计智能花盆需要融合生物知识、传感器技术和美学设计，这种解决真实问题的过程，正是未来社会最珍视的能力。

第 2 章　AI 带你畅享绘画乐趣

AI 绘画入门

什么是 AI 绘画

AI绘画是一种通过人工智能技术生成艺术作品的创作方式，它利用深度学习模型对海量的图像数据进行分析和学习，最终实现从文字或图像输入到视觉内容输出的自动化创作过程。其核心技术基于神经网络和计算机视觉，能够模拟人类艺术家的风格、笔触和构图逻辑，甚至突破传统技法的限制，创造出全新的视觉表达形式。

借助AI绘画技术，即使是中小学生，也能创作出如下组图所示的极致绚丽的图像。

AI 绘画核心创作模式

文生图

文生图是AI绘画最基础的应用形式，用户输入文字描述（如“星空下的独角兽，水彩风格”），AI即可生成与描述匹配的图像。使用Midjourney和Stable Diffusion等工具通过解析自然语言中的关键词（如风格、色彩、构图），结合模型训练中学习到的艺术规律，可以生成独一无二的画作。这种模式降低了艺术创作的门槛，使没有绘画基础的人也能快速实现创意表达。

例如，输入“女孩，乌黑的长发，闭着眼，脸部特写，脸部中心构图，增添几分真实感，柔和的面部线条，低头的姿态显得温柔且略带沉思，给人一种安静、平和的感觉，整体姿态和穿着透露出优雅，白色蕾丝衣物（领口处的蕾丝设计，增加了精致感和复古氛围），花园绿色背景（营造出自然、清新的氛围），居中构图，使人物成为视觉中心，整体画面风格文艺，色调柔和，给人清新自然的感觉，光线运用得当，营造出温馨柔和的氛围”的提示词，生成的图像如下图所示。

图生图

图生图是对现有图像进行二次创作的技术，用户可上传草图、照片或已有画作，通过调整参数（如重绘幅度、风格迁移）生成新作品。例如，将素描线稿转化为油画，或为照片添加奇幻特效。其技术核心在于图像识别与内容重构，例如Stable Diffusion的“局部重绘”功能可精准修改画面细节（如更换服装颜色），而“涂鸦绘制”功能则允许用户手绘轮廓后由AI填充细节。

例如，上传如下左图所示的原图，运用“参考边缘”AI技术，输入的提示词为“赛博朋克风格的房子”，生成的图像如下中图所示。将文本提示词改为“未来科技感，重机械”，生成的图像如下右图所示。

AI 绘画平台介绍

AI绘画已成为艺术与科技融合的典范，其核心是依托于各类功能各异的绘画平台完成创作。当前市场上的AI绘画工具百花齐放，不同的平台在精度、风格适配、用户体验等方面各具特色。其中，国内领先的即梦AI、可灵AI、神采AI凭借高精度生成、多场景适配及海量用户生态脱颖而出，成为行业标杆；而国际平台如Midjourney则以风格融合与创意自由度见长，适合探索个性化艺术表达。对于初学者，可优先选择操作友好的工具（如可灵AI和即梦AI），而专业创作者则可深入探索Stable Diffusion等开源框架的定制潜力，对于其他AI绘画平台，则可稍作了解。接下来介绍几种AI绘画平台。

Midjourney

Midjourney是国外开发的基于人工智能技术的图像生成工具，创作者通过输入文本描述即可快速生成高分辨率、风格多样的艺术作品，涵盖写实、卡通、动漫、抽象等多种类型。

平台支持以图生图功能，允许上传参考图片并结合文字指令调整生成效果，还能通过融合多张图片创作新作品。其内置深度学习模型可识别复杂的指令及情绪氛围，生成细节丰富、色彩鲜明的图像，尤其擅长人物、场景和创意设计，生成的图像具有较高的美学价值。操作依托Discord平台，界面简洁易上手，适合设计师、插画师及普通创作者。

Midjourney绘画平台的界面如下图所示。

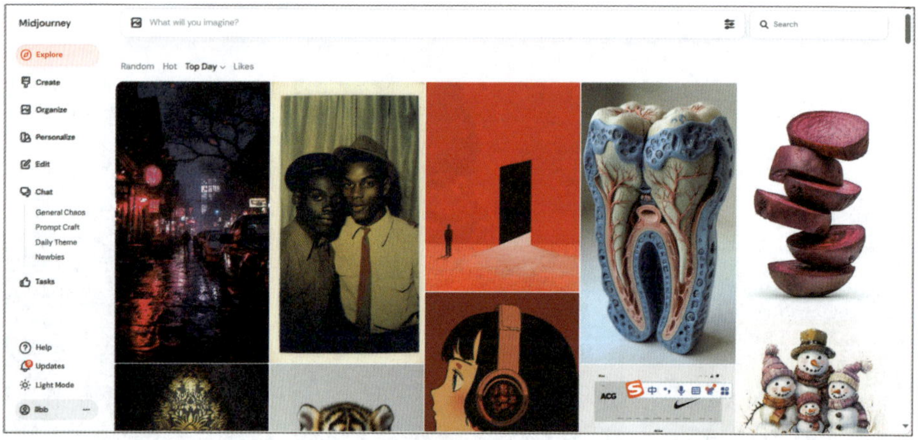

Stable Diffusion

Stable Diffusion 是一款开源的 AI 绘画平台，支持本地部署和云端运行，用户可通过输入文字描述快速生成高质量的图像，其核心优势在于灵活性和可扩展性。平台提供丰富的预训练模型和插件（如ControlNet），可精准控制构图、光影和风格细节，支持从二次元到超写实等多种艺术形式。相较于 Midjourney 等闭源平台，Stable Diffusion 允许用户将生成的内容用于商业用途且无版权限制，同时活跃的开源社区持续推出创新工具（如LoRA微调模型），大幅降低了艺术创作的门槛，其免费属性和高度定制化特点，使其成为专业设计师和 AI 技术探索者的首选工具。

Stable Diffusion绘画平台界面如下图所示。

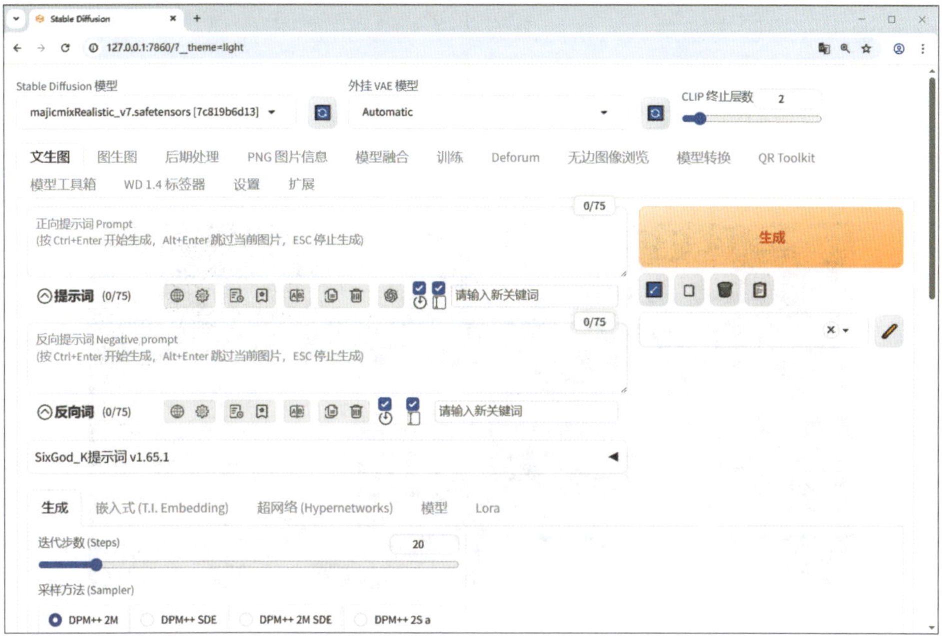

可灵 AI

可灵AI是由快手推出的新一代AI创意生成工具，专注于通过AI技术生成高质量的图像与视频内容。该平台提供文生图、图生图功能，支持多样化模板和中文语义精准生成。

除此之外，可灵AI视频生成能力突出，可基于文本或图片生成最长2分钟、1080p的高清视频。

可灵AI绘画平台界面如下图所示。

即梦 AI

即梦AI是由字节跳动旗下剪映团队开发的一站式智能创作工具，具有文字生成图片、图片生成图片、文字生成视频及图片生成视频等多种功能，创作者可通过输入中文描述快速生成超现实场景、人物肖像等多样化风格的视觉作品。平台提供智能画布功能，包含扩图、局部重绘、消除笔、高清放大等编辑工具，支持多图融合与细节调整，生成速度快且提供多版本选择。

即梦AI绘画平台的界面如下图所示。

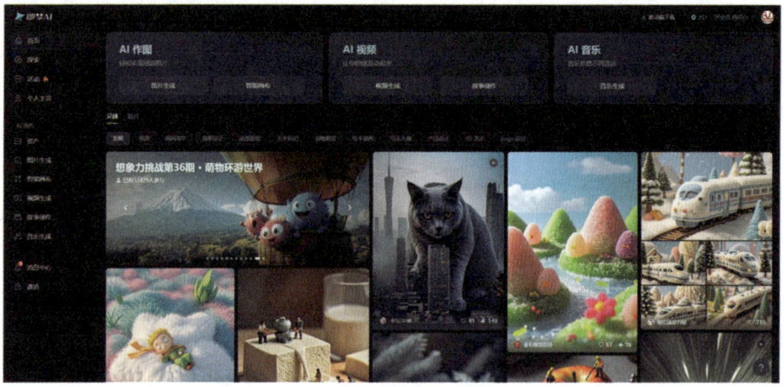

神采 AI

神采AI是一款专为设计师打造的智能图像处理工具，支持将涂鸦、照片转化为插画效果，自动识别人物姿势生成线稿并上色。其特色功能包括自动识别建筑及室内设计线段生成新方案、辅助3D建模的法线信息读取，以及通过语义分割生成多风格图片。

该平台提供空房间一键装修、物体插入和材质替换功能，创作者可上传草图快速生成逼真的渲染效果。此外，利用其AI超模工具能生成多样化虚拟模特展示产品，结合文字效果和创意融合功能，大幅提升设计效率与创意表达。

神采AI绘画平台的界面如下图所示。

商汤秒画

商汤秒画AI绘画平台是商汤科技推出的免费开放式AI创作工具，基于自研70亿参数的Artist大模型，提供了文生图和图生图功能。其特色功能包括ControlNet精准控制技术，支持姿势调整、线稿上色、深度检测等操作，结合创作者上传的本地图像可快速训练定制化LoRA模型。平台提供油画、水彩、动漫等多种风格的模板，同时融合社区开源模型，可以加速生成绘画作品，推理速度比传统显卡快5倍。

商汤秒画的界面如下图所示。

奇域

奇域是一款专注于中式审美的国风AI绘画平台，依托中国传统文化元素，支持创作者输入中文描述来生成水墨画、工笔画、皮影戏等风格的艺术作品。

该平台提供灵活的画幅比例选择和上百种新中式模板，涵盖传统国画与现代插画风格，创作者可自定义咒语或通过风格延伸功能生成系列化创作。特色功能包括局部细节微调、参考图融合优化，以及高清重绘（提升作品分辨率）。其互动社区汇聚头部创作者，支持作品分享、灵感共创和商用授权，目前通过签到、推荐好友等机制提供免费创作额度。

奇域的界面如下图所示。

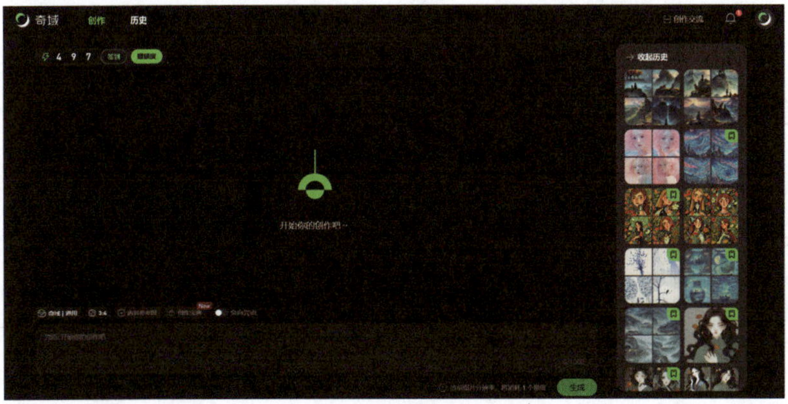

星流

星流是由LiblibAI推出的一站式AI图像生成，基于自研的Star-3Alpha模型，具备高精度图像生成和多样化风格支持，如写实、插画、动漫等。其特色功能包括以图生图的风格迁移、局部重绘修改细节、智能扩图扩展画面内容，以及高清放大提升分辨率。平台支持中文提示词输入和自然语言描述，内置超10万组参数的LoRA模型库，可快速响应创作者的创意需求，适用于电商产品图、广告设计、建筑可视化等场景。

星流的界面如下图所示。

通义万相

通义万相是由阿里云推出的AI绘画平台，提供了文生图、图生图、风格迁移三大核心功能，用户可通过文字描述或上传图片快速生成多样化的艺术作品，并自由选择水彩、油画、中国画等8种特色鲜明的艺术风格。同时，它还提供了相似图生成功能。作为阿里云通义大模型的系列成员，该平台整合了文本、图像等多模态处理能力，适用于艺术设计、广告营销等多元场景。

通义万相的界面如下图所示。

AI 带你零门槛开启绘画创作

激发黑板报创作灵感

黑板报是校园文化的重要组成部分，用于展示班级活动、学习成果和节日主题等。传统黑板报的绘制需要学生花费大量时间和精力在排版、绘画和书写上，而且效果往往参差不齐。

AI能够快速生成精美的黑板报模板，提供多样化的布局和设计元素，学生只需根据需要进行简单的调整和填充，就能轻松完成高质量的黑板报制作，以此作为参考，可以显著提升黑板报的专业性与创作效率。

接下来通过即梦AI来绘制一幅黑板报，具体操作如下。

（1）打开即梦AI，单击首页“AI作图”中的“图片生成”按钮，进入图片生成界面，即梦AI已经接入了DeepSeek-R1，在写文本提示词时可以借助此功能进行撰写。在文本框中输入“粉笔画效果，绘制一幅黑板报，黑板报的主题是‘2025向阳而生’，右上角写‘心理健康’，黑板报左侧用粉笔手绘一只黄色的小鸟和绿叶，右侧则绘制多朵盛开的向日葵和其他花卉，色彩鲜艳，充满生机。画面中央部分写一段文字”。

» 需要注意的是，在输入提示词时，要想在生成的画面中增强文字效果，需要单击提示词输入框下方的“文字效果增强”按钮，如下左图所示。单击之后会出现一对双引号，如下右图所示，此时只需输入将需要增强的文字即可。第一步中的“2025向阳而生”和“心理健康”都按照此方法进行输入。

（2）选择生图模型。单击“生图模型”按钮，在弹出的对话框中，单击“图片2.1”模型，如下页左上图所示。

（3）“精细度”保持默认值“5”，设置“图片比例”为选择“3：2”，如下页右上图所示。

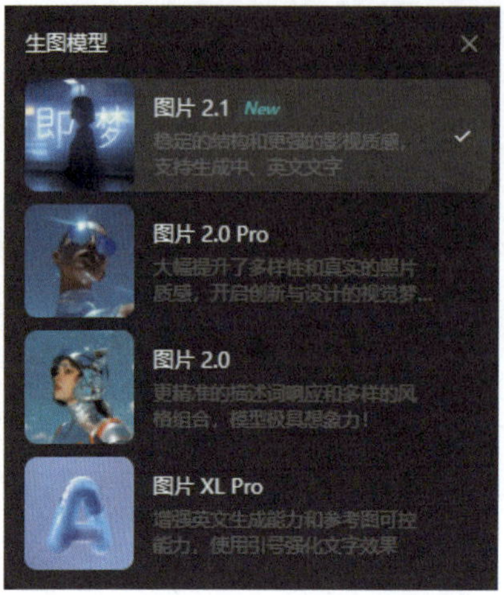

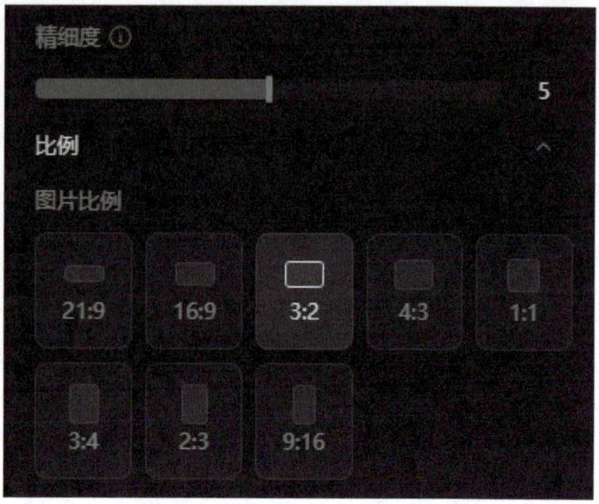

（4）单击下方的“立即生成”按钮，即可生成4张相关的图片，生成效果如下图所示。

» 生成的图片具有随机性，若生成的效果不符合预期，属于正常情况，此时可以进行多次尝试，或者更换关键词。若对生成的效果局部不满意，可在图片未达到预期效果的地方进行细节处理，如对图片进行细节修复或局部重绘，在下文会进行详细的介绍。

（5）在生成的4幅图片中，第四幅图片比较符合预期，但“向阳而生”的“向”字出现了错误，接下来对错误的地方进行处理。

（6）将鼠标指针移动到第四幅图片上，此时发现在图片下方出现一行工具栏，如下左图所示，单击工具栏中的“消除笔”按钮，弹出如下右图所示的对话框。

（7）单击左下方的“画笔”按钮，长按鼠标左键在错误的地方涂抹，如右图所示。

（8）单击“立即生成”按钮，即可得到如右图所示的消除后的效果。

（9）下面对图片进行超清处理。将鼠标指针移动到刚刚生成的图片上，之后单击图片下方工具栏中的“HD”按钮，如下左图所示，即可得到一张超清图片，如下右图所示。

（10）对图片进行下载，用鼠标右键单击经过超清处理的图片，在弹出的快捷菜单中选择“下载图片”命令，即可对当前图片进行下载。

» 可根据生成的黑板报样式来完成现实中黑板报的绘制，其中具体的文字信息，可根据需求自行更换。

快速勾勒线稿草图

草图是绘画创作的起始阶段，对学生来说，快速准确地绘制草图是提升绘画效率的关键。AI具备快速生成草图的能力，它可以根据学生输入的简单描述或关键词，瞬间生成多个不同风格和角度的草图方案。这不仅可以帮助学生在短时间内获取更多的创作思路，还能让他们从繁杂的草图绘制中解脱出来，将更多的精力投入后续的细节刻画和色彩填充等重要环节，从而提高整体绘画创作的效率和质量。

接下来通过即梦AI来绘制一幅布老虎的草图，具体操作如下。

（1）打开即梦AI，单击首页“AI作图”中的“图片生成”按钮，进入图片生成界面，在文本框中输入“绘制一幅布老虎的草图。布老虎整体造型夸张可爱，身体圆润饱满，头部较大，眼睛灵动有神，嘴巴大张，露出小虎牙，耳朵竖起呈三角形。它的身体上有传统图案，如云纹、回纹等，四肢短粗有力，尾巴粗壮卷曲。草图线条简洁流畅，以勾勒出布老虎的轮廓和主要特征为主，无需上色，背景是简单的白色”。

（2）选择生图模型。单击“生图模型”按钮，在弹出的对话框中，单击“图片2.1”模型，如下左图所示。

（3）“精细度”保持默认值“5”，设置“图片比例”为“4：3”，如下右图所示。

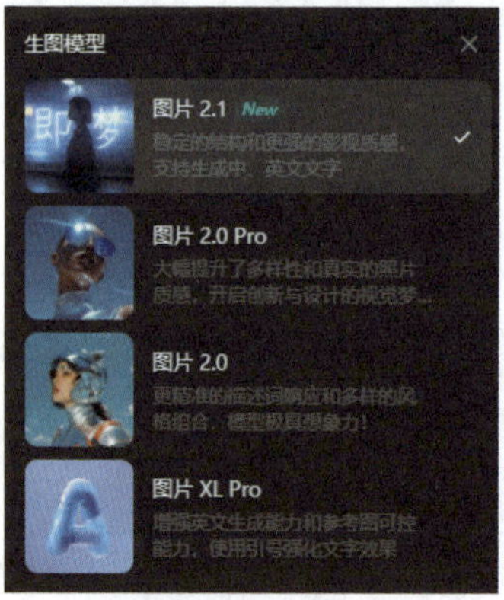

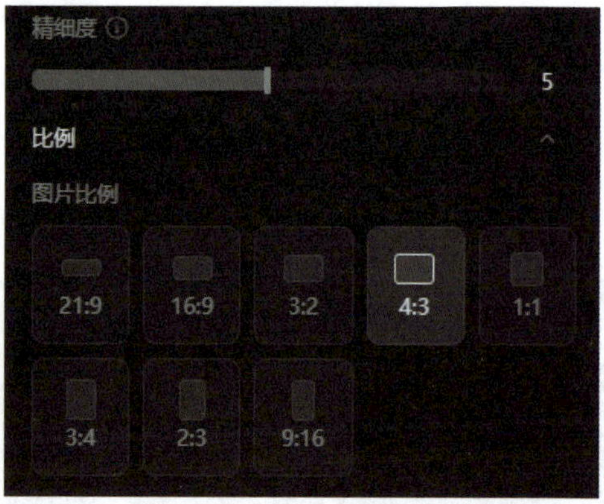

（4）单击下方的“立即生成”按钮，即可生成4张相关的图片，生成效果如下图所示。

» 生成的图片具有随机性，若生成的效果不符合预期，属于正常情况，此时可以进行多次尝试，或者更换关键词，若对生成效果有部分不满意，可在图片未达到预期效果的位置进行细节上的处理，如对图片进行细节修复或局部重绘，下文会进行详细的介绍。

（5）在刚刚生成的图片中，第一幅图片符合预期效果，将鼠标指针移动到第一幅图片上，此时发现在图片下方出现一行工具栏，如下左图所示。

（6）单击图片下方工具栏中的“HD”按钮HD，即可得到一张超清的图片，如下右图所示。

（7）对图片进行下载，用鼠标右键单击经超清处理的图片，在弹出的快捷菜单中选择“下载图片”命令，即可对当前图片进行下载。

提供绘画技巧指导

学习绘画技巧是学生提升绘画水平的重要途径。然而，在传统绘画学习中，学生往往需要通过大量的书籍查阅和课堂学习来获取技巧相关知识，过程较为漫长且信息获取不够全面。AI可以充当随时在线的绘画导师，能够根据学生的绘画水平和学习需求，精准地提供丰富多样的绘画技巧指导。无论是素描的线条运用、色彩的调配方法，还是构图平衡的把握，AI都能以通俗易懂的方式呈现给学生，让学生在日常绘画练习中就能逐步掌握扎实的绘画技巧，不断进步。

接下来通过即梦AI来绘制一幅机器人漫画，具体操作如下。

（1）打开即梦AI，单击首页“AI作图”中的“图片生成”按钮，进入图片生成界面，在文本框中输入“请帮我绘制一张未来科幻风、流线型金属机身、关节处有蓝色能量纹路的机器人、背景是太空战场、赛博朋克霓虹色调的机器人漫画”。

（2）选择生图模型。单击“生图模型”按钮，在弹出的对话框中，单击“图片2.1”模型，如右图所示。

» 需要注意的是选择的生图模型不同，生成的画面效果也会有所差异。如当其他生成参数保持不变，只更换生图模型时，即可得到如下组图所示的效果，下方左图的生图模型为“图片2.1”，下方右图的生图模型为“图片2.0”。

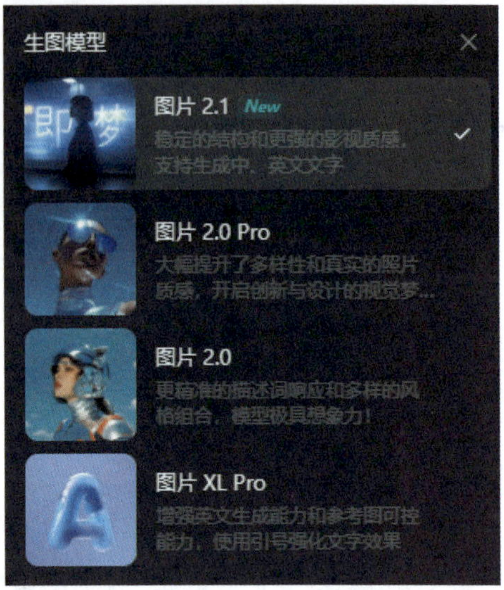

（3）“精细度”保持默认值“5”，设置“图片比例”为“2∶3”，如右图所示。

» 需要注意的是“精细度”值越大生成的效果越好，耗时也会更长。

» 即梦AI为用户提供了多种生图比例，如右图所示，用户可根据需要自行选择。如当需要制作一张社交软件动漫图头像时，可选择“1∶1”的生图比例。

» 用户可在“图片尺寸”选项区域中设定图片的尺寸，生图尺寸越大，图片质量越好，耗时也会更长。

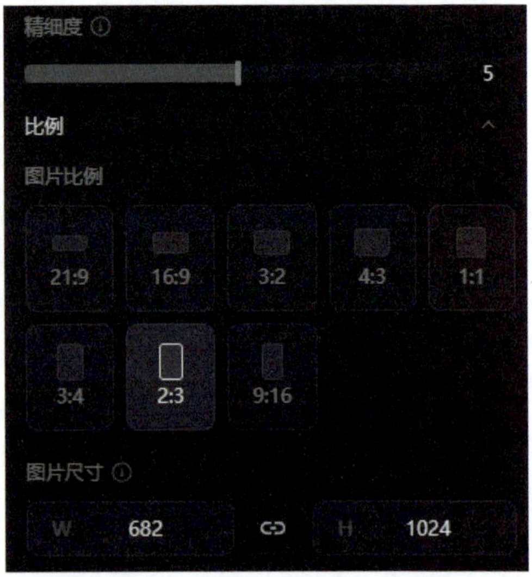

（4）单击下方的“立即生成”按钮，即可生成4张相关的图片，如下图所示。

（5）下载生成的图片，用鼠标右键单击图片，在弹出的快捷菜单中选择“下载图片”命令即可。

生成的图片具有随机性，若生成的效果不符合预期，属于正常情况，此时可以多次尝试，或者更换关键词，若生成的图片基本符合预期，可在图片未达到预期效果的位置进行细节上的处理，如对图片进行细节修复或局部重绘。下面以刚刚生成的第二幅图为例，来讲解如何使用即梦AI进行局部重绘操作，并以第三幅图为例来讲解细节修复操作。

（1）对图片进行局部重绘。将鼠标指针移动到刚刚生成的第二幅图片上，此时发现在图片下方出现一行工具栏，如下左图所示，单击“局部重绘”按钮，弹出如下右图所示的对话框。

（2）单击左下角的“画笔工具”按钮，对图片中想要重绘的地方进行涂抹，如下页左上图所示，之后在文本框中输入想要重新生成的画面，这里输入的内容为“飞船”，如下页右上图所示。

（3）单击“立即生成”按钮，即可得到如下图所示的4幅局部重绘后的图片。

（4）对图片进行细节修复。将鼠标指针移动到前面生成的第三幅图片上，之后在出现的工具栏中单击“细节修复”按钮，即可得到如下左图所示的修复细节后的图片。此时可以发现，与未修复的图片相比，修复细节后的图片画面线条的流畅度和清晰度更好，且画面更加完善合理。

高效产出高质量绘画作品

在绘画创作中，时间和效率至关重要。学生学业繁忙，用于绘画创作的时间有限，因此提高创作效率显得尤为重要，而AI在这方面具有独特的优势。它可以减少一些烦琐的绘画步骤，通过快速填充背景、复制图案等方法，节省大量时间。此外，AI还能根据学生的创作需求，快速生成相关的素材，让学生的创作过程更加流畅，从而在有限的时间内创作出更多高质量的作品。

接下来通过即梦AI来为草图进行快速上色，具体操作如下。

（1）打开即梦AI，单击首页“AI作图”中的“图片生成”按钮，进入图片生成界面，之后单击提示词输入框下方的“导入参考图”按钮，如下左图所示，在弹出的对话框中选择要上传的参考图片，这里上传的图片如下右图所示。

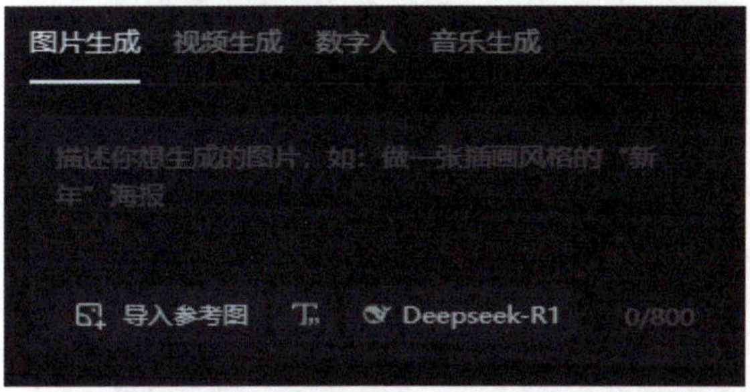

（2）选择图片后，会弹出如下左图所示的“参考图”对话框，在对话框下方选择参考的图片维度，这里选择的是“边缘轮廓”，如下右图所示。

（3）单击“保存”按钮，即可关闭对话框，之后在文本框中输入“插画风格，布老虎，色彩鲜明。”如右图所示。

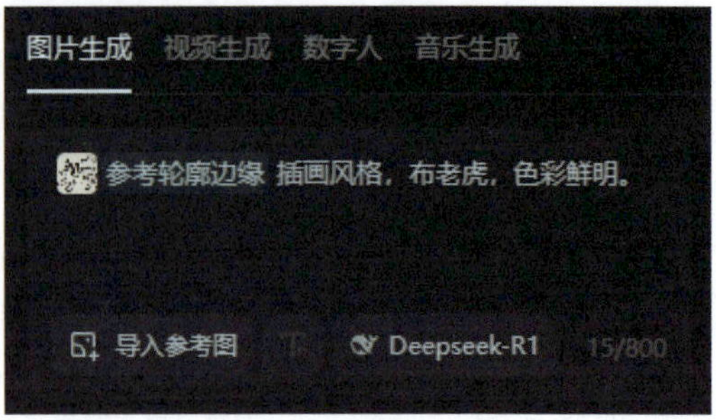

（4）选择生图模型。单击“生图模型”按钮，在弹出的对话框中，单击“图片2.0”模型，如下左图所示。

（5）“精细度”保持默认值“5”，设置“图片比例”为“4：3”，如下右图所示。

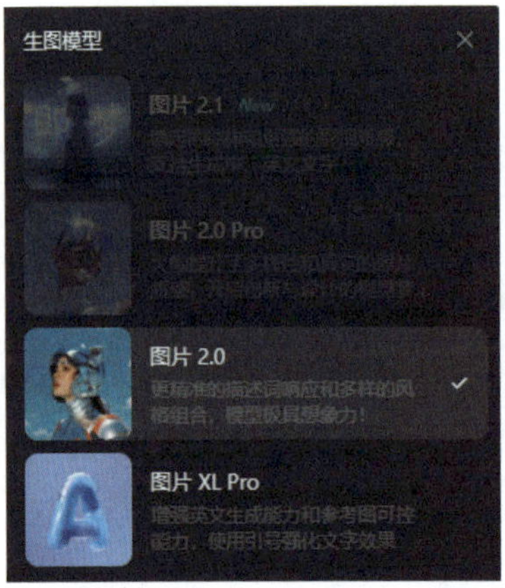

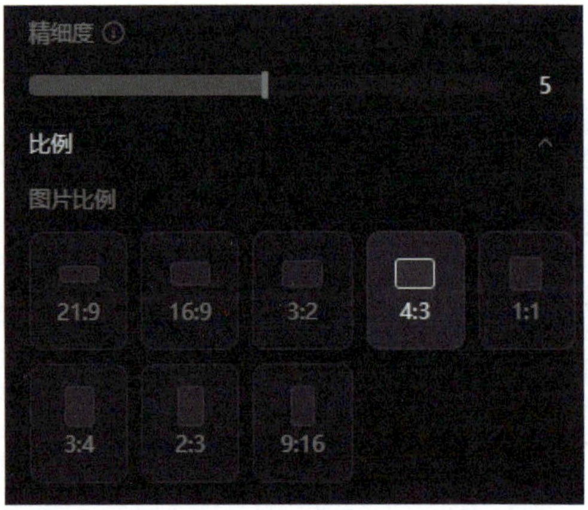

（6）单击下方的“立即生成”按钮，即可生成4张上色完成的图片，效果如下图所示。

学习色彩搭配技巧

色彩搭配是绘画中非常关键的一环，合理的色彩搭配能够让作品更加生动、富有感染力。然而，对学生来说，掌握色彩搭配的技巧并非易事，很容易出现色彩搭配不协调的问题。AI可以为学生们提供专业的色彩搭配参考。根据绘画的主题和风格，推荐合适的色彩组合。学生们可以参考这些建议进行色彩搭配，让自己的作品在色彩上更加出色。

接下来通过即梦AI来生成更多的色彩搭配参考，具体操作如下所示。

（1）打开即梦AI，单击首页“AI作图”中的“图片生成”按钮，进入图片生成界面。

（2）按照前文所讲述的方法，上传参考图片，这里上传的参考图片如下左图所示，并参考其“边缘轮廓”。

（3）在提示词文本框中输入“插画风格，布老虎，传统的色彩搭配，如红色、黄色、蓝色、绿色等”如右图所示。

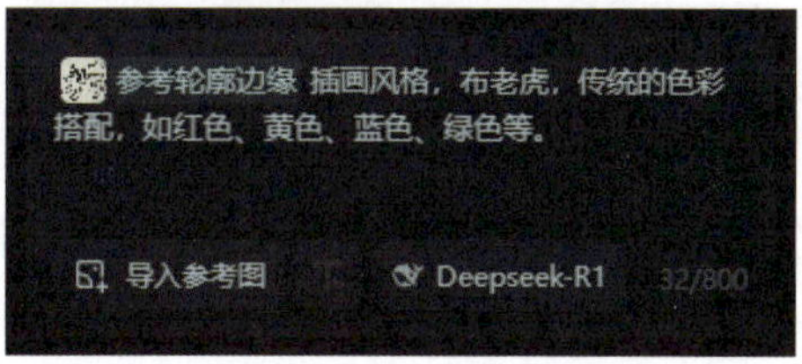

（4）选择生图模型。单击“生图模型”按钮，在弹出的对话框中，单击“图片2.0”模型，如下左图所示。

（5）“精细度”保持默认值“5”，设置“图片比例”为“4：3”，如下右图所示。

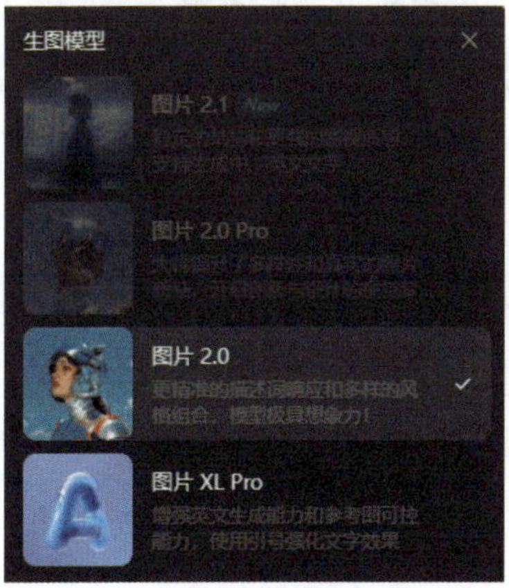

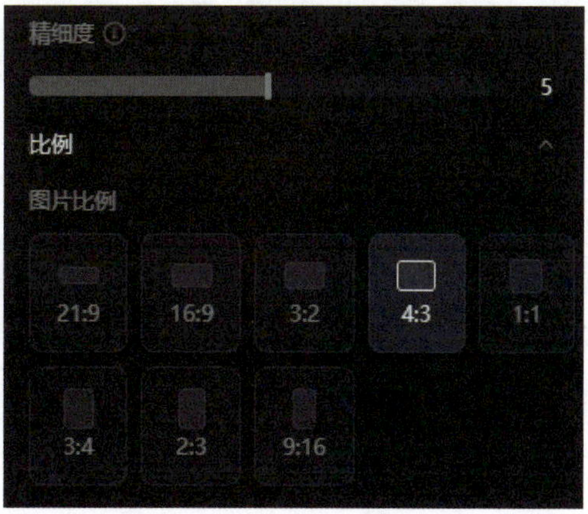

（6）单击下方的“立即生成”按钮，即可生成4张上色完成的图片，效果如下图所示。

（7）按照相同的方法，只更换提示词还可以获得不同的配色，如下图所示为使用“插画风格，布老虎，暖色系的色彩搭配，如红色、橙色和黄色等暖色调”作为提示词所生成的画面效果。

（8）下图所示为使用“插画风格，布老虎，冷色系的色彩搭配，如蓝色、绿色和紫色等冷色调”作为提示词所生成的画面效果。

精修绘画作品细节

在创作过程中，如果对图片不满意，或者感觉缺少细节、色彩搭配不够协调，利用AI可以重新对绘画作品进行修改、美化和调整。比如，可以根据需求调整艺术风格，或针对特定部位（如人物表情、物体质感）进行精细化处理。这一过程不仅节省了传统修改所需的时间，还能通过多次迭代让作品更贴近创作者的设想。

接下来通过豆包这个平台对作品优化进行讲解，具体操作步骤如下。

（1）打开豆包官方网址并登录，进入如下左图所示的界面，之后单击左侧的“图像生成”按钮，进入“图像生成”界面，如下右图所示。

（2）单击提示词文本框下方的“参考图”按钮，在弹出的窗口中上传如右图所示的图片。

（3）上传图片后在提示词文本框中输入“变为晚上”，如下图所示。

（4）单击右侧的按钮，即可优化图片，最终效果如右图所示。

（5）接下来需要对图片的尺寸进行优化，单击“扩图”按钮，进入扩图编辑界面。

（6）进入扩图编辑界面后，选择上方的16：9的比例，如下右图所示。

（7）单击下方的“按新尺寸生成图片”按钮，即可生成16：9的新图片，最终效果如下图所示。

生成鲜活的小说人物形象

小说阅读是学生丰富精神世界的重要途径，而小说人物形象的可视化对于理解作品具有重要意义。AI 可以根据小说文本中对人物的描述，快速生成符合人物特征的形象图，为学生提供直观的人物形象参考，增强对小说的理解和兴趣，同时也能激发他们的创造力。

接下来通过DeepSeek+即梦AI来绘制一幅林黛玉的画像，具体操作如下。

（1）登录DeepSeek官方网站，进入如下页上图所示的界面，单击“深度思考(R1)”和“联网搜索”按钮，如下页下图所示。

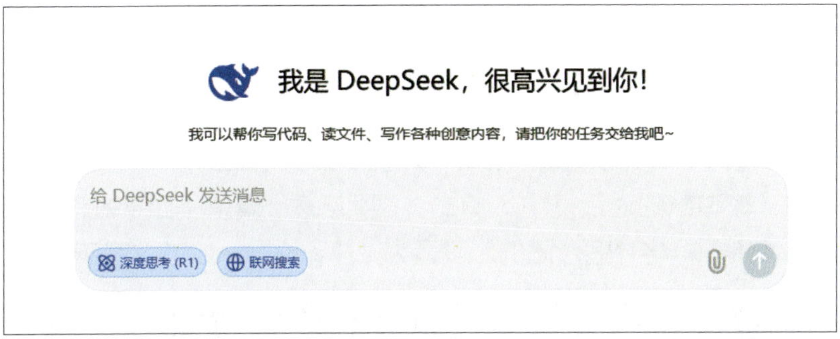

（2）在对话框中输入“我是一个AI绘画师，我想要生成工笔画风格的林黛玉，帮我构思一下服装饰品细节、风景细节，要大师的风格，帮我生成5组AI图片生成提示词，要用即梦AI出图，提示词格式要符合即梦AI平台要求，不要有多余的符号”这样的提示词，之后单击“上传”按钮。

（3）DeepSeek思考了30秒之后给出了5组提示词，如下所示。

以下是5组符合即梦AI平台要求的工笔画风格林黛玉生成提示词：

--- 第一组 ---

古典工笔画风格，林黛玉形象，浅绿色交领襦裙，月白色披帛，梅花刺绣纹样，翡翠玉簪，珍珠耳坠，手持绢帕，倚坐雕花栏杆，背景是苏州园林，太湖石假山，紫藤花架，池塘游鱼，仇英式古典雅致，淡墨勾勒，矿物颜料着色。

--- 第二组 ---

工笔重彩风格，林黛玉秋夜图，藕荷色长袄，竹叶暗纹，银丝流苏步摇，白玉佩禁步，执卷倚窗，窗外红枫掩映，青瓦白墙，灯笼微光，案头香炉青烟，唐寅式文人意境，细腻发丝描绘，朱砂点唇技法。

--- 第三组 ---

南宋院体工笔，黛玉葬花场景，淡紫纱质长裙，浅粉腰带，竹编花篮，落英缤纷，桃林溪涧，青石小径，蝴蝶环绕，发间银鎏金花钿，项饰璎珞，周文矩式人物造型，薄雾渲染技法，丝绢质感背景。

--- 第四组 ---

明代吴门画派，黛玉雪中独立，雪青斗篷，白狐毛领，红梅纹刺绣，手持暖炉，琉璃耳铛，雪花纷飞，朱红廊柱，积雪梅枝，远山淡墨，文徵明式留白构图，银箔点缀雪光。

--- 第五组 ---

清代改琦风格，黛玉抚琴图，月白广袖衫，淡蓝马面裙，焦尾古琴，湘妃竹案，青瓷香插，发髻插碧玉簪，珍珠眉心坠，竹林环绕，山泉流水，云雾氤氲，淡赭石渲染肤色，衣纹铁线描技法。

以生成的第一组提示词为例，使用即梦AI生成图片，具体操作步骤如下。

（1）打开即梦AI，单击首页“AI作图”中的“图片生成”按钮，进入图片生成界面。

（2）复制DeepSeek刚刚生成的第一组提示词，粘贴到文本框中，之后单击“生图模型”按钮，在弹出的对话框中，单击“图片2.0”模型，如下左图所示。将“精细”度设置为“10”，将“图片比例”设置为“9：16”，如下右图所示。

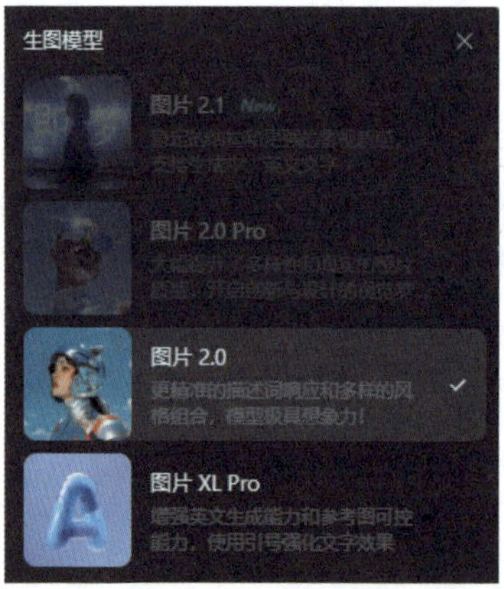

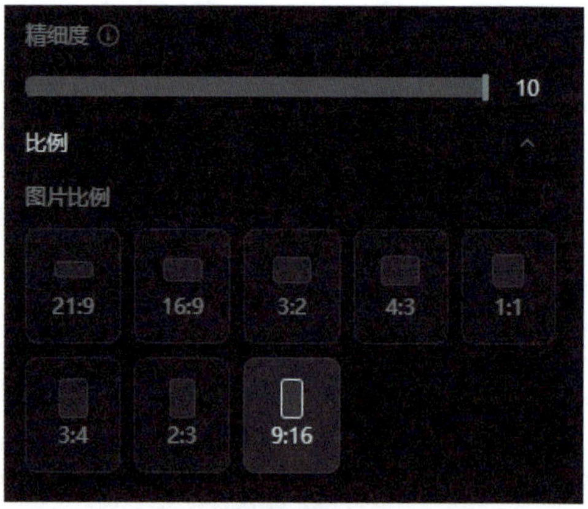

（3）单击下方的“立即生成”按钮，即可生成如下图所示的效果。

（4）选择满意的图片进行下载。用鼠标右键单击想要下载的图片，在弹出的快捷菜单中选择“下载图片”命令即可。

AI 带你体验不同的艺术风格

艺术风格多种多样，每种风格都有其独特的魅力和特点。学生在学习绘画的过程中，了解和体验不同的艺术风格有助于拓宽视野、丰富创作思路。然而，传统的学习方式可能无法让学生们全面、深入地体验各种艺术风格。借助AI，学生们可以轻松体验不同的艺术风格。AI能够将学生们的绘画作品转换为各种风格，如油画、水彩画、漫画等，让学生们直观地感受不同风格的差异和魅力，从而激发学生们对不同艺术风格的兴趣和探索欲望。

接下来使用同一组提示词进行绘画，唯一的变化是提示词中关于艺术风格的描述，具体操作步骤如下。

（1）打开豆包的官方网址并登录，进入豆包主界面，单击左侧导航栏中的“图像生成”按钮，进入图像生成界面。

（2）在提示词文本框中输入“像素风格，绘制一幅以‘梦幻海底探险’为主题的图片，穿着潜水装备的少年，穿梭于珊瑚礁之间，周围游动着各种奇异的鱼类，神秘的氛围”，然后单击文本框下方的“比例”选项，在弹出的列表中选择“2：3”选项，如下左图所示，接着单击文本框下方的“风格”选项，在弹出的列表中选择“像素风格”选项，如下右图所示。

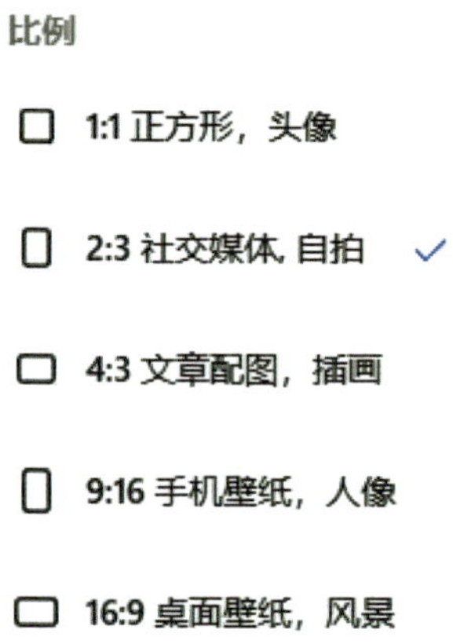

（3）单击提示词文本框右下角的“上传”按钮，即可得到如下图所示的效果。

（4）按照同样的方法，分别尝试素描风格和传统绘画风格，得到的效果如下页上面的两组图所示。

（5）除此之外，使用其他AI绘画平台，以相同的提示词“绘制一幅画，风景，笔触明显，轻舟已过万重山”绘制另一组不同风格的图片，如下面3组图所示分别是油画风格、水墨风格、水彩风格。

AI 带你玩转二次元世界

设计动漫角色

一个成功的二次元动漫角色需要有独特的外貌、性格和背景故事。但设计过程复杂，需要考虑角色的比例、造型等多个方面。AI可以提供丰富的角色设计灵感和参考模板，帮助学生快速搭建角色框架，同时还能对角色进行细节优化，使设计出的二次元动漫角色更加生动和立体。

接下来以可灵AI为例，设计一个动漫角色，具体操作步骤如下。

（1）打开可灵AI，单击首页中的“AI作图”按钮，进入“文生图”界面，在界面顶端选择图片模型为“可图 1.5”，之后在文本框中输入“请帮我绘制一张哪吒的动漫角色图，卡通风格，身穿红色和黑色相间的服装，他的头发是黑色的，扎成两个发髻，额头上有红色的标记，脚踏火焰，混天绫与火焰交织，正在空中飞翔，一条蜿蜒的红色巨龙盘在哪吒身后，龙身线条流畅，背景是金色的山脉和云雾缭绕的天空，呈现红棕色的渐变色调，神话场景的恢宏气势”如下图所示。

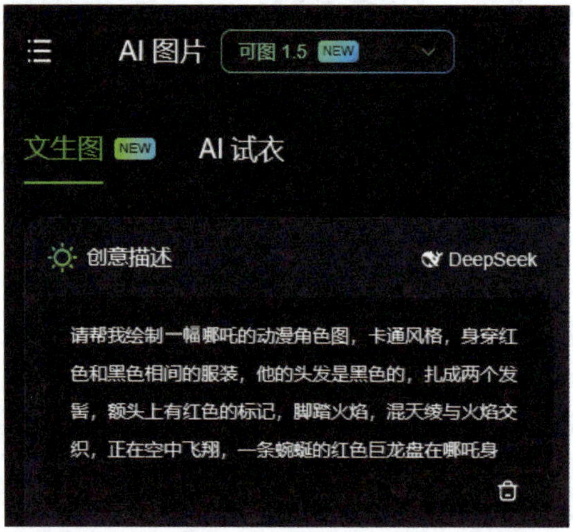

» 需要注意的是，可灵AI与上文所讲的即梦AI相同，在选择不同的生图模型时，生成的画面效果也会有差异，用户可根据需求自行选择。

» 截止到笔者写作此书时，可灵AI给用户提供了“可图 1.5”和“可图 1.0”两种生图模型，相比之下，“可图1.5”模型生成的画面效果更加细腻真实，人像表现也更加真实自然。除此之外，在生成图像时使用“可图 1.5”会比使用“可图 1.0”所消耗的灵感值多。在其他生图条件不变，只改变生图模型时，下页上左图所示为使用“可图 1.5”模型生成的效果，消耗4灵感值，下页上右图所示为使用“可图 1.0”模型生成的效果，消耗0.8灵感值。

（2）设置相关参数。设置“图片比例”为“2：3”、“生成数量”为“4张”，如右图所示。

» 可灵AI给用户提供了多种生图比例，如右图所示，用户可根据需要自行选择，当需要制作一张电影画面插图时，生图比例可选择“16：9”。

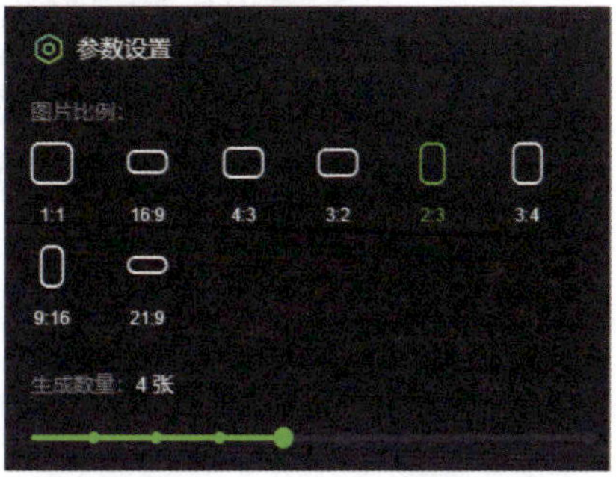

（3）单击“立即生成”按钮，即可得到如下图所示的效果。

生成的图片具有随机性，当生成效果未达到预期时，属于正常情况，此时可以多次尝试，或者更换关键词。当生成效果达到预期时，可直接下载图片或在进行“画质增强”后下载。下面以刚刚生成的第三幅图为例，来讲解如何在可灵AI平台进行下载和画质增强的操作，具体操作步骤如下。

（1）将鼠标指针移动到刚刚生成的第三幅图片上，此时在画面上方和下方分别出现一行工具栏，如下页上左图所示。单击上方工具栏中的最后一个按钮，弹出如下页上右图所示的对话框，根据需求单击，即可对当前图片进行下载。

（2）单击上左图所示下方工具栏中的“画质增强”按钮，即可生成如右图所示的效果，之后按照上一步的方法进行下载即可。

» 单击下方工具栏中的“垫图”按钮，可将图片上传作为参考图，用户根据需要选择参考上传图片的“角色特征”“人物形象”，或选择“通用垫图”。

» 单击下方工具栏中的“生成视频”按钮，可将当前图片上传至“图生视频”界面。

打造二次元人物创意服装

二次元角色的服装是展现角色个性和风格的重要元素，精美的服装能够为角色增色不少。学生在设计二次元角色的服装时，可能会受到时尚知识和绘画技巧的限制。AI可以整合大量的时尚元素和设计案例，为学生提供丰富的服装创意。同时，还能根据角色的特点和设定，对服装的款式、颜色、材质等进行智能搭配，帮助学生设计出更加符合角色形象的二次元角色服装。

接下来以豆包这个平台为例，来设计一个动漫角色的服装，具体操作步骤如下。

（1）打开豆包，单击首页左侧导航栏中的“图像生成”按钮，在文本框中输入“帮我生成图片：图片风格为‘二次元’，设计一款洛丽塔风格的二次元服装，整体以白色和蓝色为主色调，连衣裙款式，裙摆有层层叠叠的蕾丝花边，上身是短款的衬衫，领口有蝴蝶结装饰，袖口有荷叶边。整体造型充满甜美和优雅的感觉，适合二次元中的洛丽塔少女角色穿着”，如下图所示。

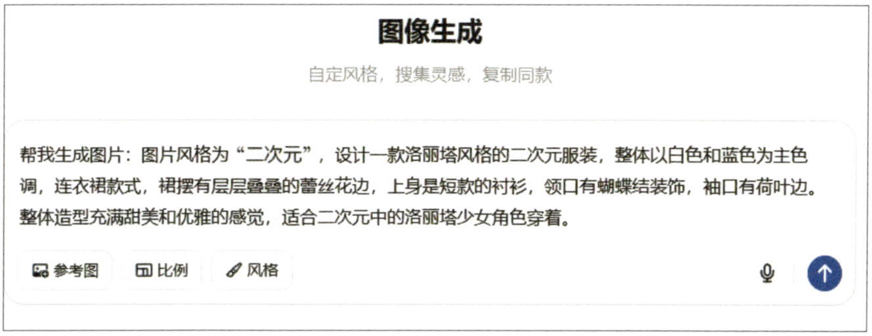

（2）单击下方的“比例”按钮，选择“2：3社交媒体，自拍”选项，如下图所示。

（3）单击右下方的按钮，即可生成角色服装图片，如下图所示。

构建二次元精美场景

在二次元作品中，背景与场景能够营造出特定的氛围和情境，增强作品的感染力。设计二次元背景与场景需要具备一定的空间想象能力和绘画技巧。学生在创作过程中可能会遇到构图困难、色彩搭配不协调等问题。AI可以根据角色和故事的需求，快速生成各种风格的二次元背景与场景，提供多样化的构图和色彩方案，帮助学生打造出更加生动、逼真的二次元世界。

（1）打开可灵AI，单击首页中的“AI作图”按钮，进入“文生图”界面，在界面顶端选择图片模型为“可图 1.5”，之后在文本框中输入“夏日海滩黄昏，椰子树剪影，渐变橙红色天空，波光粼粼的海面，清新动漫风，二次元”，如下左图所示。

（2）接下来设置相关参数。设置“图片比例”为“16：9”，生成数量为“4张”，如下右图所示。

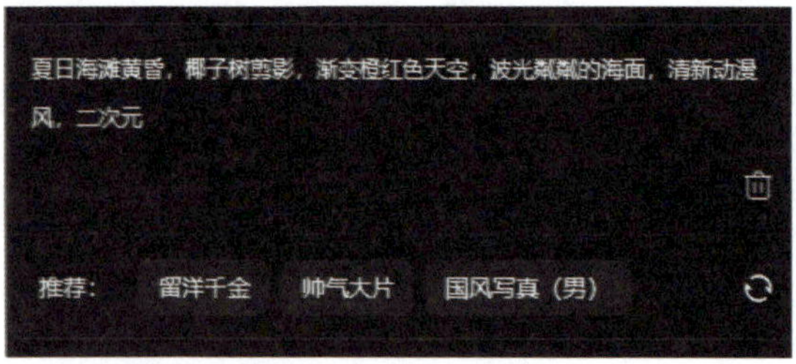

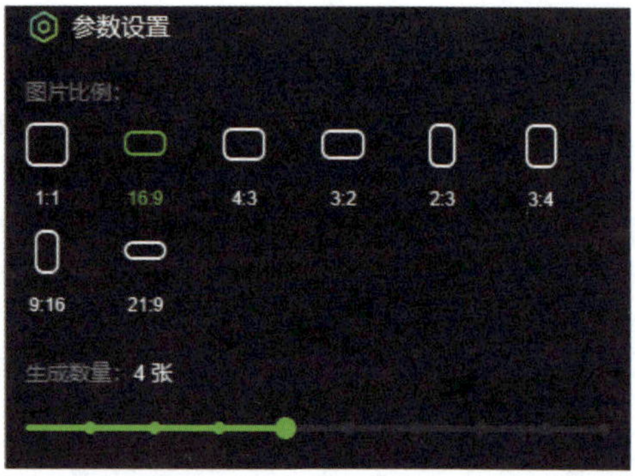

（3）单击“立即生成”按钮，即可生成图片，如下图所示。

第3章　用AI玩转音乐艺术

AI 音乐技术指南

AI 音乐简介

音乐是人类表达情感的重要方式，很多学生都喜欢音乐，但限于乐理知识、作曲技巧及创作时间等因素，很多人无法自己写歌谱曲，只能欣赏他人创作的音乐。

有了AI音乐创作工具，可以实现自娱自乐，制作出符合自己心情和需求的音乐。除此之外，也可以将这些音乐作品送给朋友，作为特别的祝福。比如，在朋友生日时，送上一首由AI创作的专属生日歌，相信会比普通的礼物更加有意义。如果有音乐才华和创意，还可以利用AI音乐创作获得收益。

AI 音乐平台介绍

下面介绍5个当前主流的AI音乐创作平台，其中国内的是海螺音乐、海绵音乐和网易天音，国外的是suno和ACE Studio。这些平台在功能上各具特色，例如suno凭借其先进的技术能够生成高质量、完整的歌曲作品，而海绵音乐则依托字节跳动的资源，在中文音乐创作上展现出更强的本土化优势，尤其是在吐字清晰度和演唱流畅性上表现突出。

网易天音和ACE Studio则分别侧重一站式音频处理与专业级音乐制作，满足从初学者到专业人士的不同需求。考虑到学生的创作需求可能更注重易用性和成本，海绵音乐和网易天音这类支持中文输入、操作简单且提供免费基础功能的平台基本够用；若追求更高阶的创作自由度，则可尝试suno或ACE Studio这类支持多风格生成的工具。

海螺音乐

海螺音乐是MiniMax旗下海螺AI推出的智能创作工具，用户可通过歌词创作和曲风选择快速生成个性化音乐。该平台支持手动输入或AI智能编词，提供流行、古典、民族等十余种曲风选择，输入歌名和歌词后即可生成1分钟左右的完整音乐作品。其操作门槛低，用户无须专业的音乐知识即可创作，生成的音乐在情绪表达和节奏适配性上达到实用标准。目前该功能限时免费开放，适合短视频配乐、个人创作等场景。

海螺音乐界面如右图所示。

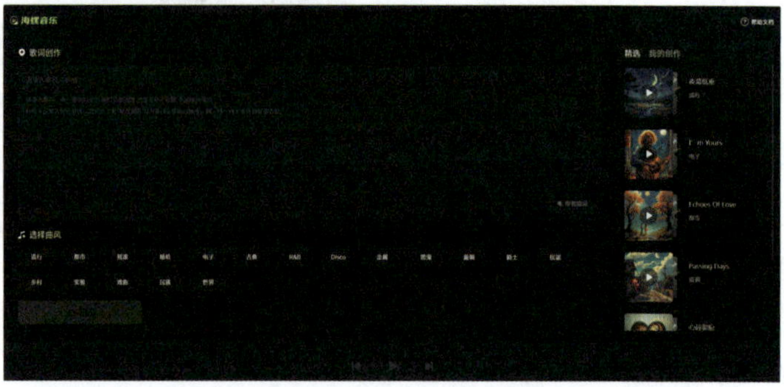

海绵音乐

海绵音乐AI是由字节跳动推出的智能音乐创作平台，用户可通过输入一句话灵感或歌词快速生成1分钟时长的歌曲，支持自定义风格（如国风、摇滚、R&B）和情感主题（如治愈、怀旧、伤感）。其优化了中文人声处理，显著提升了吐字清晰度和演唱流畅性，减少电音感。平台提供“灵感创作”和“自定义创作”双模式，支持一键生成歌词、续写或更换韵脚，并允许选择男/女声及曲风。

海绵音乐界面如下图所示。

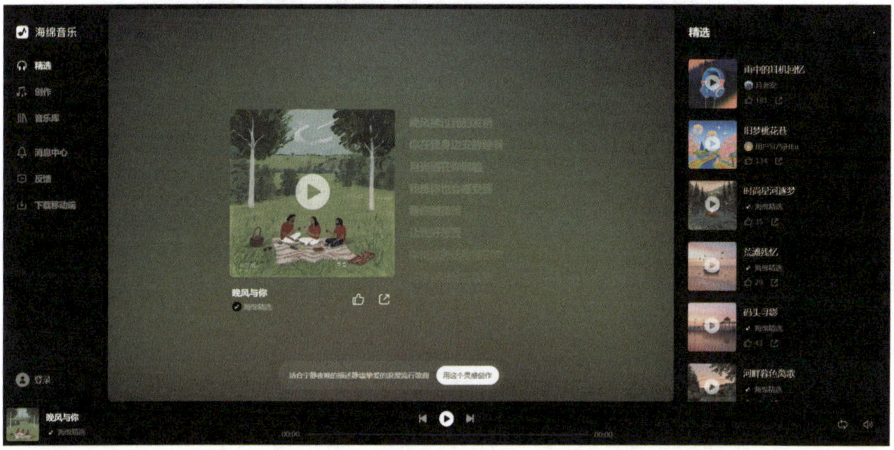

网易天音

网易天音是由网易推出的全球首个一站式AI音乐创作平台，支持作词、作曲、编曲、演唱全链路音乐创作。用户无须乐理基础，输入关键词或灵感即可快速生成个性化歌曲，支持调整曲风、节奏、人声等参数，并提供藏头歌、分轨导出等特色功能。平台内置数百种伴奏模板和虚拟歌手音色，覆盖流行、民谣等多种风格，适用于创作拜年歌、广告配乐、游戏音乐等场景。作为网易云音乐生态的一部分，其专业版还支持MIDI编辑和商业化应用，显著降低了音乐创作门槛。

网易天音界面如下图所示。

suno

suno是由Anthropic公司开发的一款基于深度学习的AI音乐生成平台，用户可通过输入文本描述（如歌词、风格或主题）快速生成包含人声、乐器伴奏的完整音乐作品，支持生成流行、摇滚、电子等多元音乐风格，并能处理中文、英语等50种语言（包括部分方言）。

suno的界面如下图所示。

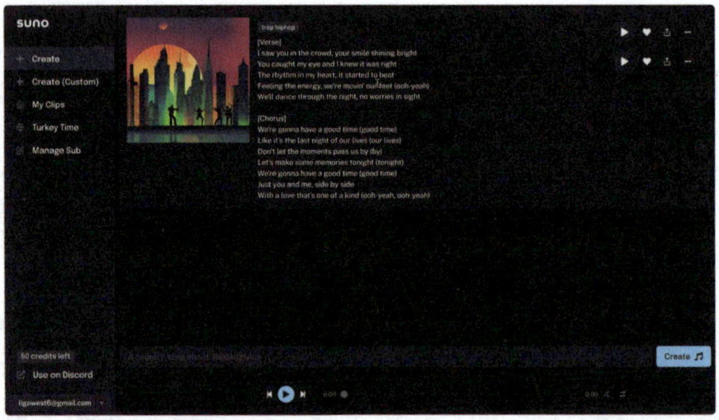

ACE Studio

ACE Studio是由时域科技开发的AI音乐创作平台，专注于通过人工智能技术降低音乐制作门槛。其核心功能是基于歌词和旋律生成高精度AI歌声，支持中文、日文、英文等多语种演唱，并提供呼吸、气声、张力等多维度参数调整功能，使合成声音具备细腻的情感表现。

相较于同类产品如suno，该平台强调可编辑性，允许用户对生成的音频进行二次修改直至满意，且支持声线混合技术创造独特音色。目前，该平台已覆盖全球市场，吸引格莱美得主在内的专业音乐人使用，成功将AI技术融入好莱坞级别的音乐制作流程。

ACE Studio的界面如下图所示。

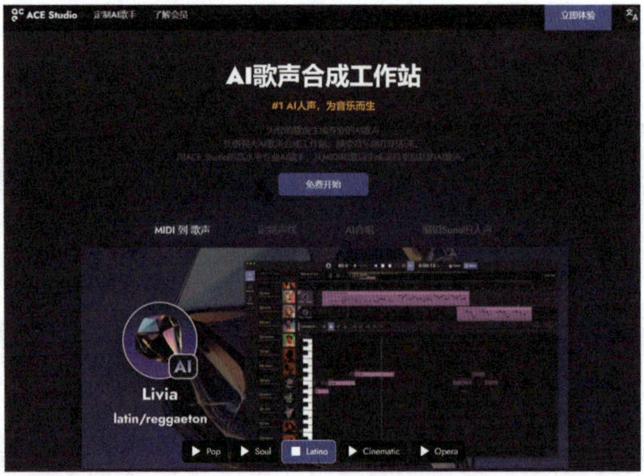

定制班级专属主题曲

在校园生活中，班级歌曲是一种极具凝聚力和纪念意义的音乐形式。它不仅能够展现班级的独特风貌和精神内涵，还能在各种班级活动、文艺汇演等场合使用，成为班级文化的重要组成部分。以往创作班级歌曲可能需要专业的音乐知识和较多的时间、精力，但随着 AI 技术的发展，这一过程变得更加简单、高效。AI 能够根据输入的主题、风格等要求，快速生成旋律和编曲，为班级歌曲的创作提供了强大的助力，让学生们能够更专注于歌词创作和情感表达，轻松实现班级歌曲的个性化定制。

（1）创作班级歌曲前先来生成歌词。打开腾讯元宝官网，进入腾讯元宝的默认对话页面，在文本输入框中将大模型切换为DeepSeek，并开启“深度思考”模式。

（2）班级歌曲要体现班级名称，可以告诉DeepSeek所在的班级名称，这样DeepSeek才能为我们量身打造一首歌曲。这里输入的文字指令为：“我是一名六年级小学生，我在六年级二班，请为我们的班级写一首班歌”，如下图所示。

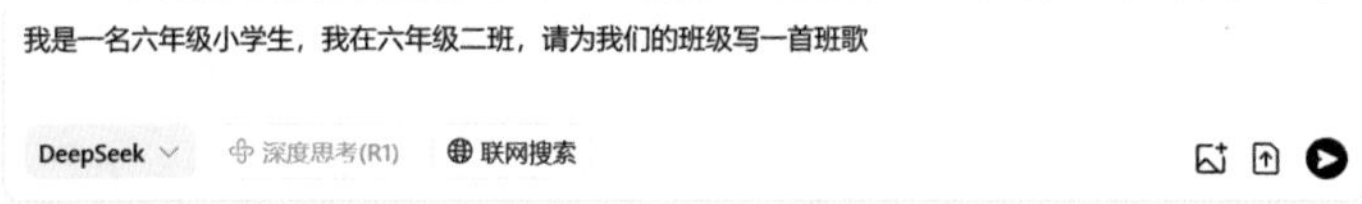

（3）单击按钮，DeepSeek 经过深度思考后便会输出歌曲的歌词，部分输出内容如下图所示。

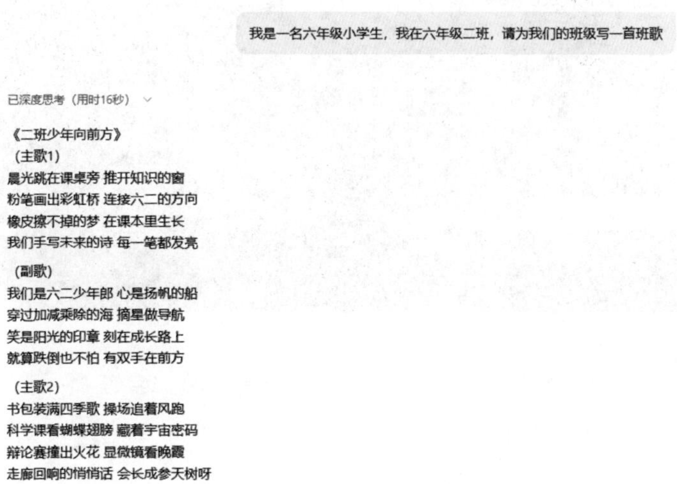

（4）复制输出的歌词内容，打开海螺音乐官方网址，使用手机号登录，进入海螺音乐创作界面，在歌名文本框中输入生成歌曲的名称“二班少年向前方”，将复制的歌词内容粘贴到歌词文本框中，如下图所示。

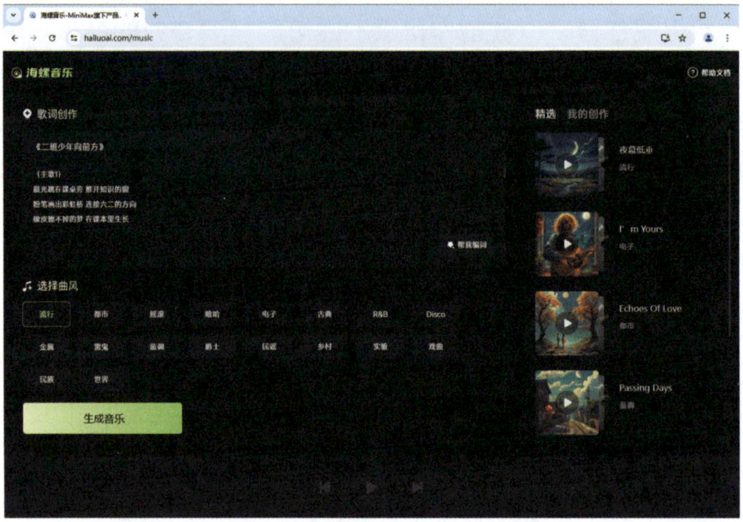

（5）在“选择曲风”选项区域，单击“流行”按钮，在弹出的“精选您的风格”列表框中选择“精选流行曲目8”，如下图所示。

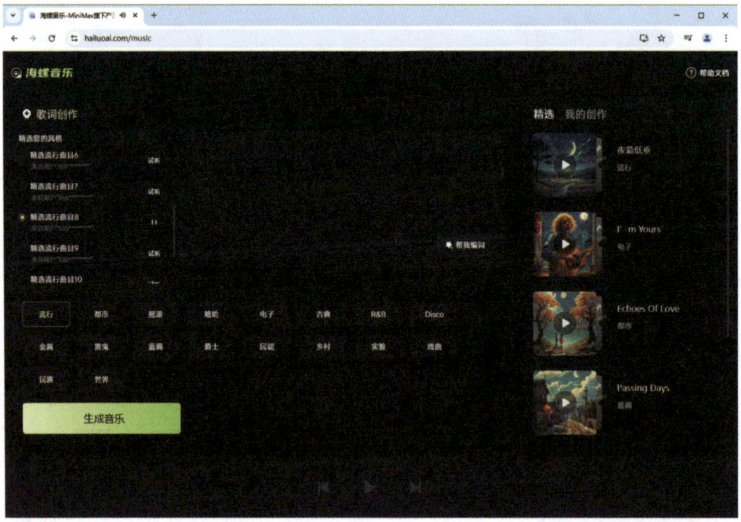

（6）单击“生成音乐”按钮，等待歌曲生成结束后，会在页面右侧“我的创作”选项卡中显示歌曲，如下页图所示，单击歌曲可以试听，单击按钮可以将创作的音乐下载到本地。

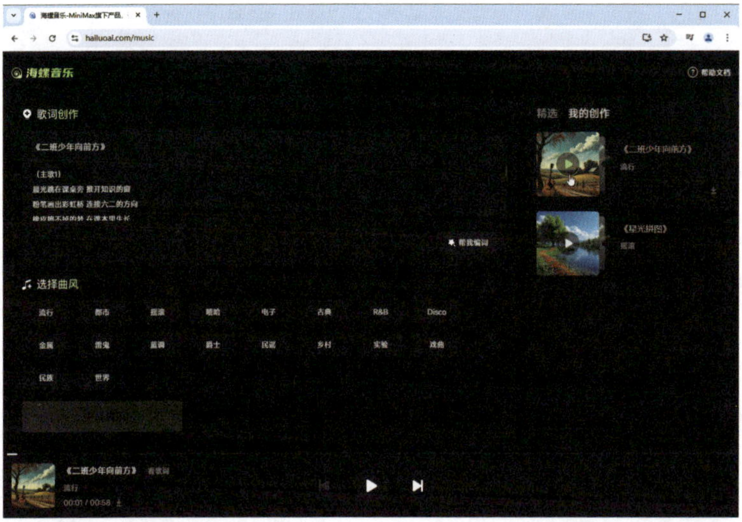

创作朗诵个性化配乐

朗诵是一种常见的艺术表达形式，无论是诗歌、散文还是课文朗诵，合适的背景音乐都能极大地增强情感的渲染力和表现力。以往寻找或创作朗诵背景音乐可能需要花费大量时间在音乐库中筛选，或者需要一定的音乐创作基础。如今，利用 AI 技术，只需输入朗诵的主题、情感基调、节奏要求等信息，AI 就能迅速生成贴合需求的背景音乐。这不仅节省了时间，还能根据不同的朗诵内容精准匹配音乐风格，为朗诵作品增添更多的艺术魅力，让学生们的朗诵更加生动、感人。

（1）先来生成创作背景音乐的提示词。打开腾讯元宝官网，进入腾讯元宝的默认对话页面，在文本输入框中将大模型切换为DeepSeek，并开启“深度思考”模式。

（2）朗诵时的背景音乐最好与朗诵的内容有所关联，才能更好地表达感情，将朗诵的文章提供给DeepSeek作为生成创作背景音乐提示词的参考，这里输入的文字指令为：“我是一名初中生，请根据我写的朗诵文章，帮我生成一段适合朗诵文章时使用的背景音乐的提示词，总结为一段内容即可。《岁月如歌，生活如诗》”，此处因文章内容过长，只展示了文章的名称，如下图所示。

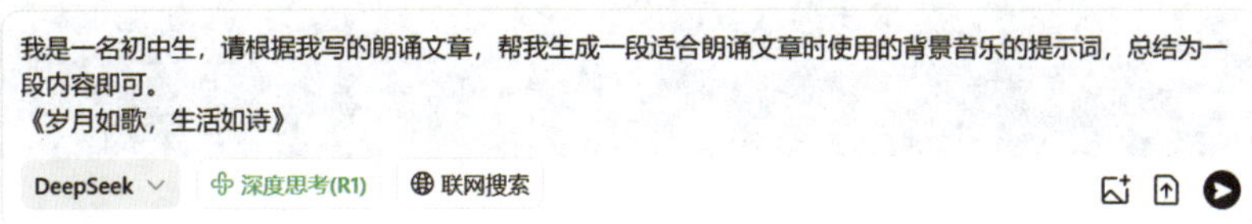

（3）单击▶按钮，DeepSeek 经过深度思考后便会输出创作背景音乐的提示词，输出内容如下图所示。

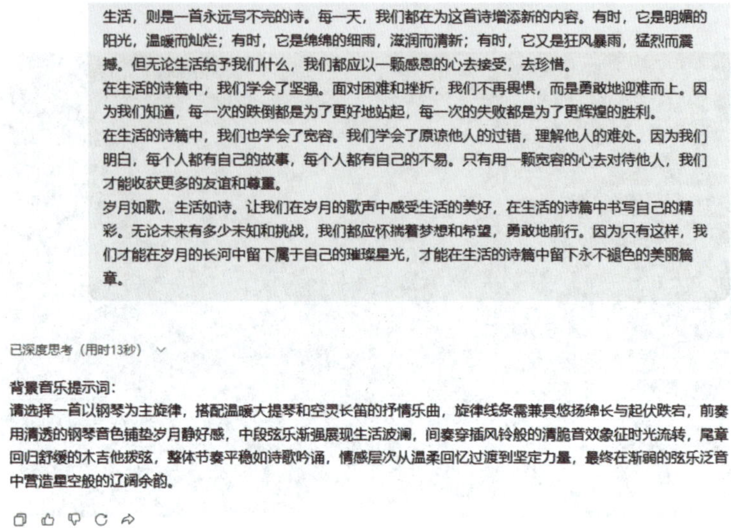
生活，则是一首永远写不完的诗。每一天，我们都在为这首诗增添新的内容。有时，它是明媚的阳光，温暖而灿烂；有时，它是绵绵的细雨，滋润而清新；有时，它又是狂风暴雨，猛烈而震撼。但无论生活给予我们什么，我们都应以一颗感恩的心去接受，去珍惜。
在生活的诗篇中，我们学会了坚强。面对困难和挫折，我们不再畏惧，而是勇敢地迎难而上。因为我们知道，每一次的跌倒都是为了更好地站起，每一次的失败都是为了更辉煌的胜利。
在生活的诗篇中，我们也学会了宽容。我们学会了原谅他人的过错，理解他人的难处。因为我们明白，每个人都有自己的故事，每个人都有自己的不易。只有用一颗宽容的心去对待他人，我们才能收获更多的友谊和尊重。
岁月如歌，生活如诗。让我们在岁月的歌声中感受生活的美好，在生活的诗篇中书写自己的精彩。无论未来有多少未知和挑战，我们都应怀揣着梦想和希望，勇敢地前行。因为只有这样，我们才能在岁月的长河中留下属于自己的璀璨星光，才能在生活的诗篇中留下永不褪色的美丽篇章。

已深度思考（用时13秒）

背景音乐提示词：
请选择一首以钢琴为主旋律，搭配温暖大提琴和空灵长笛的抒情乐曲，旋律线条需兼具悠扬绵长与起伏跌宕，前奏用清透的钢琴音色铺垫岁月静好感，中段弦乐渐强展现生活波澜，间奏穿插风铃般的清脆音效象征时光流转，尾章回归舒缓的木吉他拨弦，整体节奏平稳如诗歌吟诵，情感层次从温柔回忆过渡到坚定力量，最终在渐弱的弦乐泛音中营造星空般的辽阔余韵。

（4）复制输出的提示词内容，打开海绵AI官网，使用手机号登录，进入海绵音乐网站，在页面左侧的导航栏中单击“创作”按钮，进入海绵音乐的音乐创作界面，如下图所示。

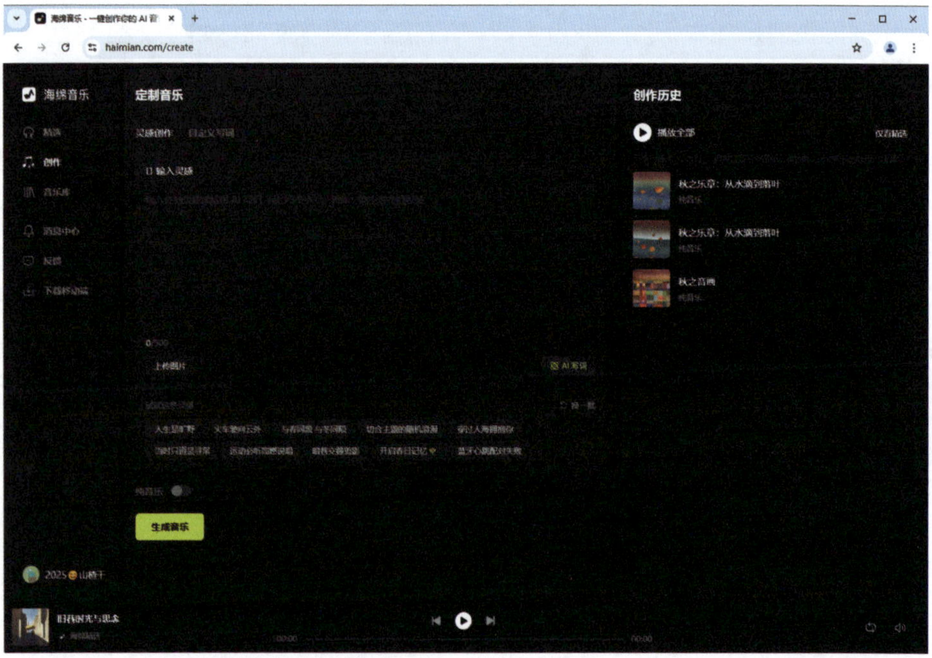

（5）在“定制音乐”设置区域选择“灵感创作”卡，在“输入灵感”文本框中粘贴提示词内容，并进行简单修改。因为要制作背景音乐，背景音乐一般是没有歌词的，所以开启“纯音乐”选项，如下图所示。

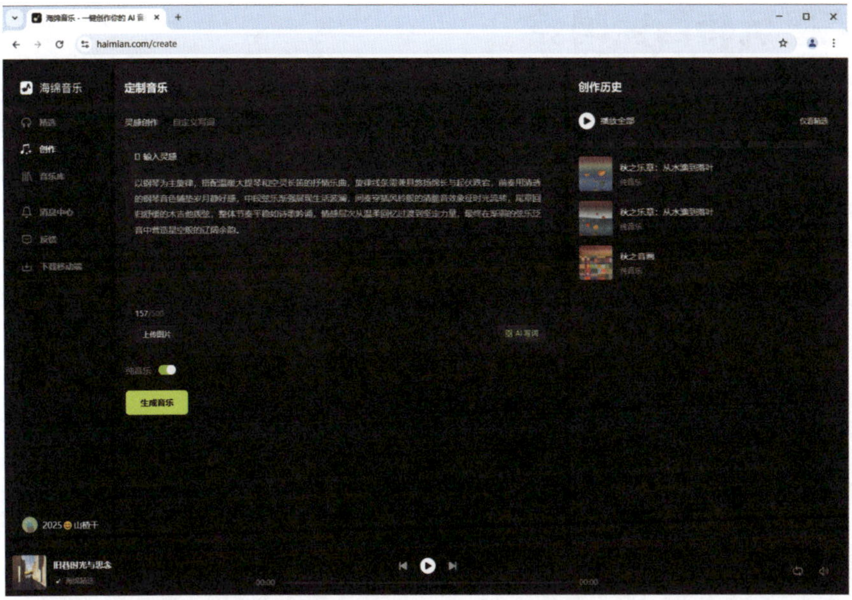

（6）单击“生成音乐”按钮，即可开始创作，创作完成后，在右侧的“创作历史”设置区域便会显示生成的背景音乐。需要注意的是，海绵音乐会同时创作3首歌，我们可以逐个播放，选择效果最好的背景音乐。将鼠标指针放置在该音乐上方后会出现按钮，将鼠标指针移动到该按钮上，便会出现分享面板，如下图所示，在该面板单击“下载视频”按钮，即可将背景音乐下载保存到本地。

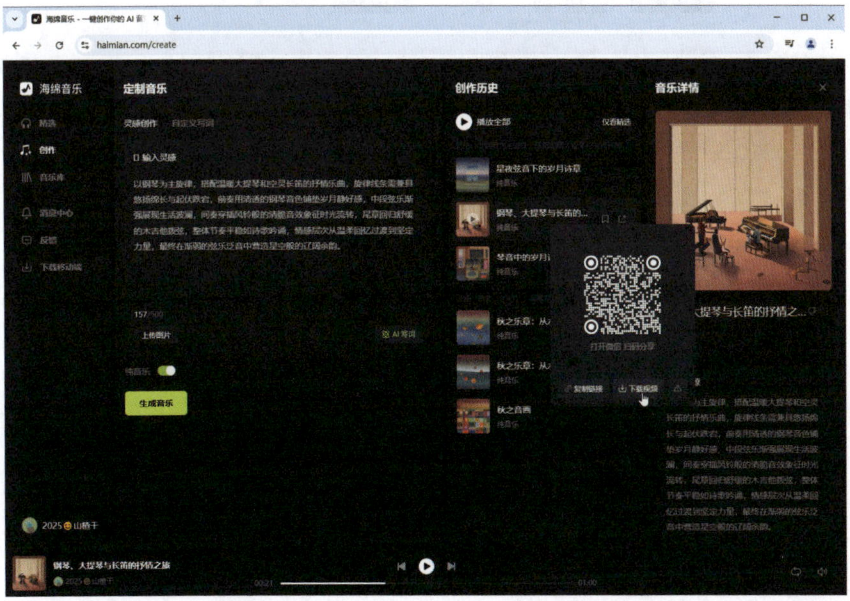

声音克隆玩转百变唱腔

声音克隆技术使人们对经典歌曲进行二次创作不再受限于原唱声线。通过上传目标声源，AI可重构歌曲的咬字习惯、气息控制和音色质感，在保留原作旋律的基础上实现声音特征的移植。该技术特别适合校园文化节等场景，既能规避翻唱版权风险，又能通过声线创新赋予作品独特的辨识度。

（1）选择一首想要翻唱的歌曲，通过K歌平台演唱并录制歌曲，将录制好的歌曲下载并保存到本地，打开Weights官网，进入其主页面，单击右上方“登录”按钮，在弹出的登录面板中选择“使用电子邮件继续”，输入电子邮箱，单击“继续”按钮，便会往电子邮箱中发送一封登录的邮件，打开邮件单击Log in按钮，即可在新打开的Weights网站页面完成登录，如下图所示。

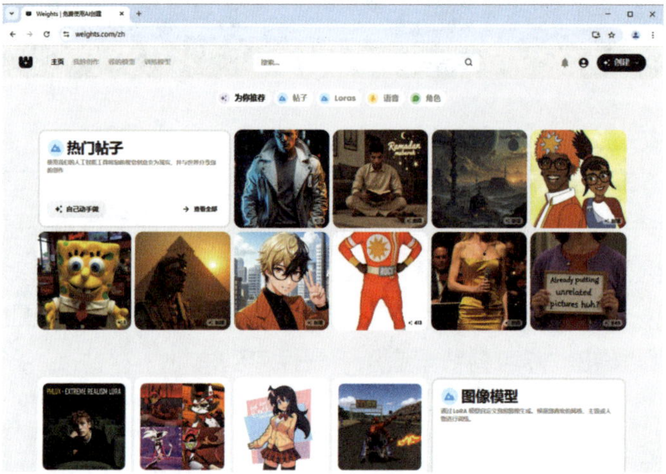

（2）下滑页面，找到“语音模型”板块，单击→ 查看全部按钮，进入“语音模型”页面，如下图所示。

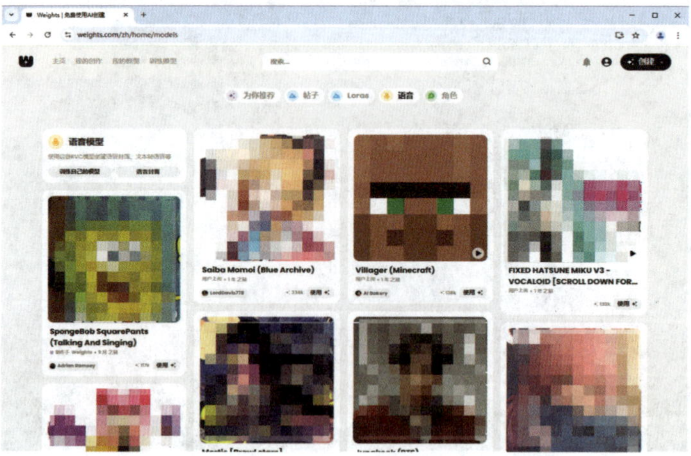

（3）语音模型库中的模型十分丰富，用户可以下滑页面根据模型封面寻找想要使用的模型，也可以在页面上方的搜索框中输入人物名字，搜索相应的模型。例如，想使用哪吒的声音进行翻唱，那么在搜索框中输入“哪吒”，页面中就会显示出相关的模型，如下图所示。

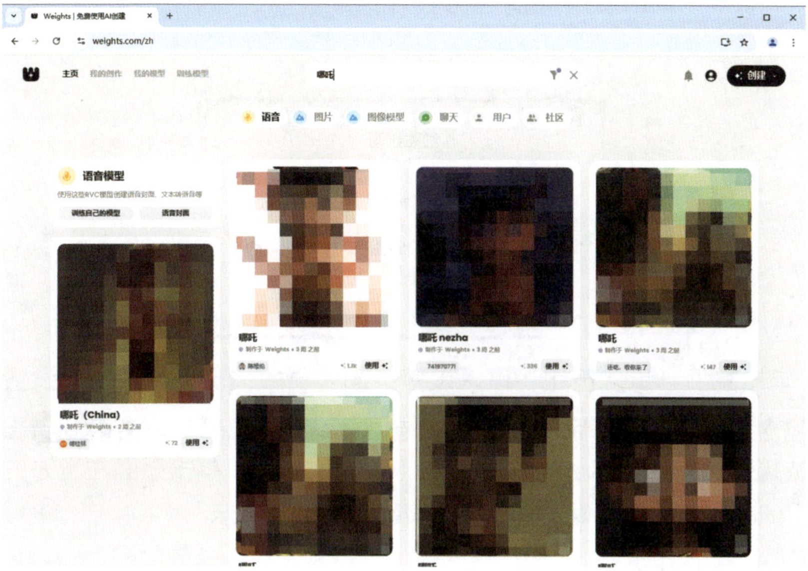

（4）因为搜索出了多个哪吒模型，所以可以单击模型封面上的▶按钮，试听模型的音色。经过试听，发现音色基本一样，任选一个模型单击，即可进入模型的详情页面，如下图所示。

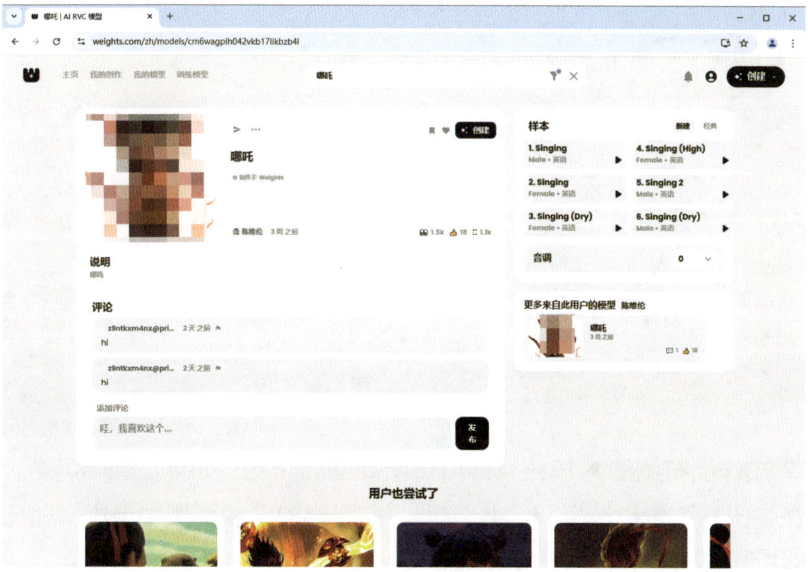

（5）单击 创建 按钮，弹出“创建封面”面板，选择要使用的语音。在该面板中还可以选择其他模型一起翻唱。这里只使用哪吒的模型，所以直接单击“下一步”按钮，进入“选择输入音频”界面，选择“音频”选项，在下方拖放或单击选择音频文件，这里选择的是录制的《孤勇者》音频，如下图所示。在该面板中还有“文本到语音”和“录音中”两个选项，如果没有录制好的音频，可以直接输入文字或者直接通过录音输入。

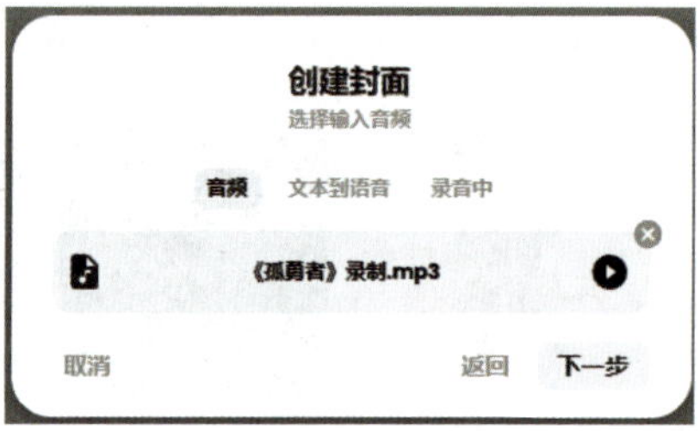

（6）单击“下一步”按钮，进入设置页面，一般情况下保持默认设置即可。如果音频仅包含人声，需要开启“预去梗”选项。设置完成后，单击 创建 按钮，这时会返回“选择要使用的语音”页面，单击“取消”按钮，单击页面左上方的“我的创作”按钮，翻唱完成的作品便会显示在该页面，如下图所示。

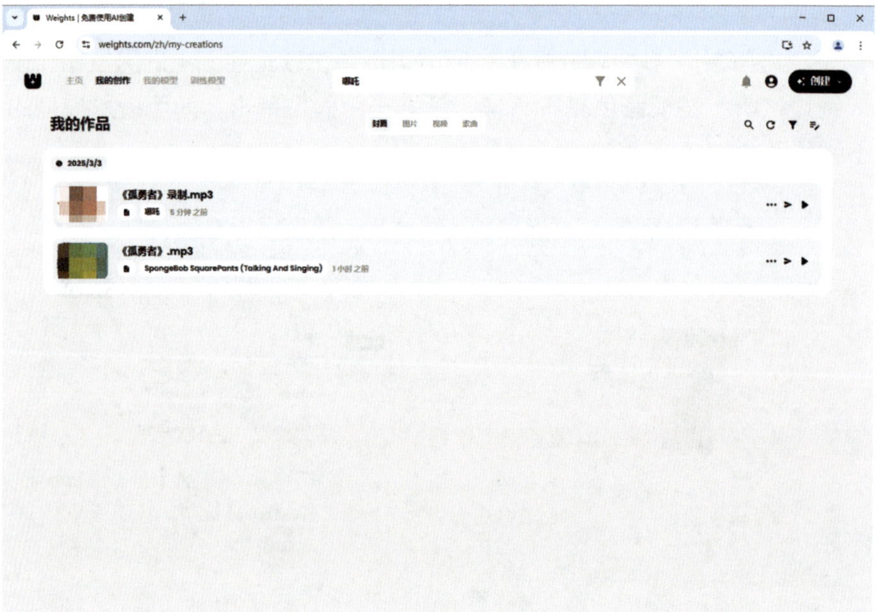

（7）单击作品右侧的 ▶ 按钮，即可试听翻唱的作品。如果对翻唱满意，可以单击 ··· 按钮，在弹出的列表中选择 下载 选项，在弹出的下载面板中单击“输出”右侧的 ⬇ 按钮，即可将翻唱作品下载并保存到本地。

（8）除了使用网站中已经创建好的模型，还可以训练自己的声音模型，单击页面左上方的“训练模型”按钮，进入“训练模型”页面，如下图所示。

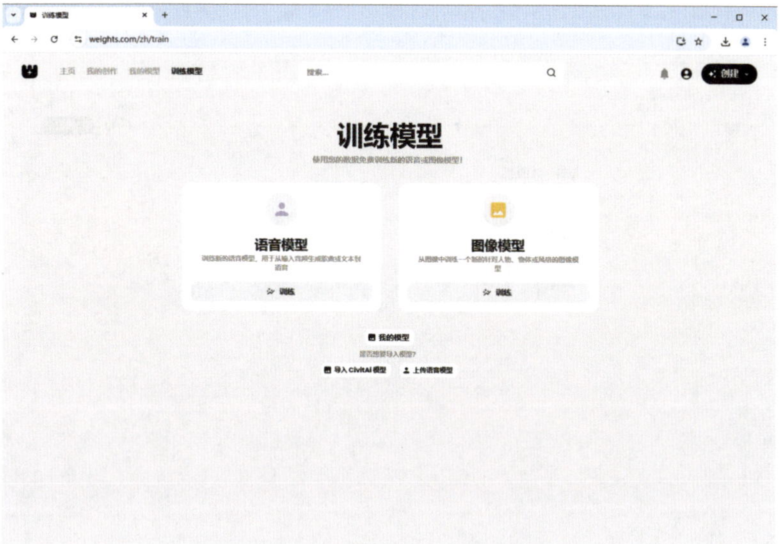

（9）单击“语音模型”卡片中的 训练 按钮，进入“新语音模型”页面，在“模型详情”部分，上传一张模型的封面图片，输入“模型名称”和“模型描述”，单击“下一步”按钮，开启“输入音频”部分，在此处可以将录制的歌曲上传，也可以自己录制一段音频上传，时长在5分钟左右最佳。设置完成后，在“开始训练”部分单击 训练并保存 按钮，即可开始训练，如下图所示。

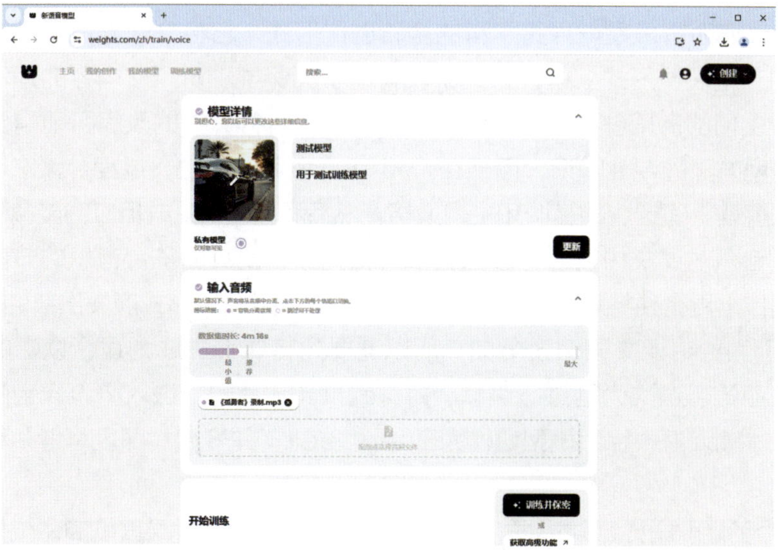

（10）下滑该页面，可以在“您的训练模型”部分看到正在训练的模型，如下图所示。需要注意的是，训练模型用时会长一些。例如，之前笔者训练一个翻唱的模型时，大概使用了1小时。

（11）等待训练完成后，在页面左上方单击“我的模型”按钮，进入“我的模型”页面，单击 创建 按钮，使用与翻唱歌曲相同的步骤即可使用自己的声音完成翻唱。

课文秒变流行音乐

将课文改编为音乐是一种跨学科的全新创作形式，它将文学与音乐相结合，为课文赋予新的艺术表现形式。这种方式不仅有助于加深学生对课文内容的理解和记忆，还能培养学生们的音乐创作能力和创新思维。以往进行这样的改编可能需要同时具备文学和音乐两方面的专业知识，而现在，AI 可以协助完成这一过程。大家可以先对课文进行深入解读，确定情感基调和主题风格，然后利用 AI 生成相应的旋律和编曲，再根据生成的音乐对课文内容进行适当的改编和调整，使其更符合音乐的节奏和表达方式，从而创作出具有独特魅力的音乐作品，让课文以另一种形式焕发出新的活力。

（1）因为要将课文改编为歌曲，所以需要先将课文生成为适合歌唱的歌词，下面以《桃花源记》课文为例进行讲解。打开腾讯元宝官网，进入腾讯元宝的默认对话页面，在文本输入框中将大模型切换为DeepSeek，并开启“深度思考”和“联网搜索”模式。

（2）为了让歌词更容易记忆，可以指定DeepSeek参考某首歌曲生成歌词，例如以《青花瓷》为例，需要告诉DeepSeek参考《青花瓷》，将《桃花源记》生成为歌曲，这样DeepSeek才能为根据要求去生成歌词。输入的文字指令“参考歌曲《青花瓷》，针对《桃花源记》这篇课文写一首歌”，如下图所示。

（3）单击●按钮，DeepSeek 经过深度思考后便会输出歌词，部分输出内容如下图所示。

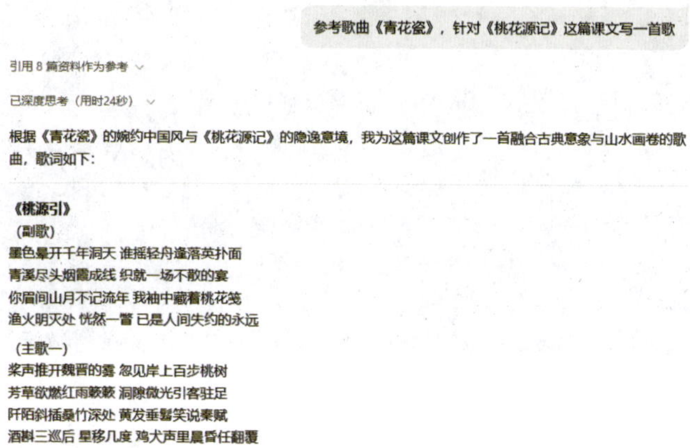

（4）虽然生成了歌词，但是与《青花瓷》的歌词对比后发现，每句歌词的字数并不对应，可以继续发送文字指令“要求每一句的字数与韵脚都与青花瓷相同”，得到的结果还是存在问题，调整指令为“字数还是不对，现将原歌词贴在下方，你在写作时要参考下面的歌词”，将《青花瓷》的歌词一起发送给了DeepSeek，这一次输出了符合要求的歌词，然后输入指令“将以上歌词以完整干净的格式输出”，如下图所示。

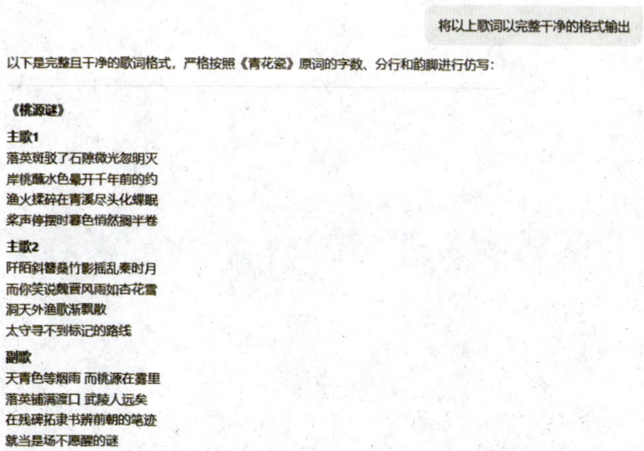

（5）复制歌词，打开海绵音乐官网，使用手机号登录，进入海绵音乐网站，在页面左侧的导航栏中单击“创作”按钮，进入海绵音乐的“定制音乐”界面，如下图所示。

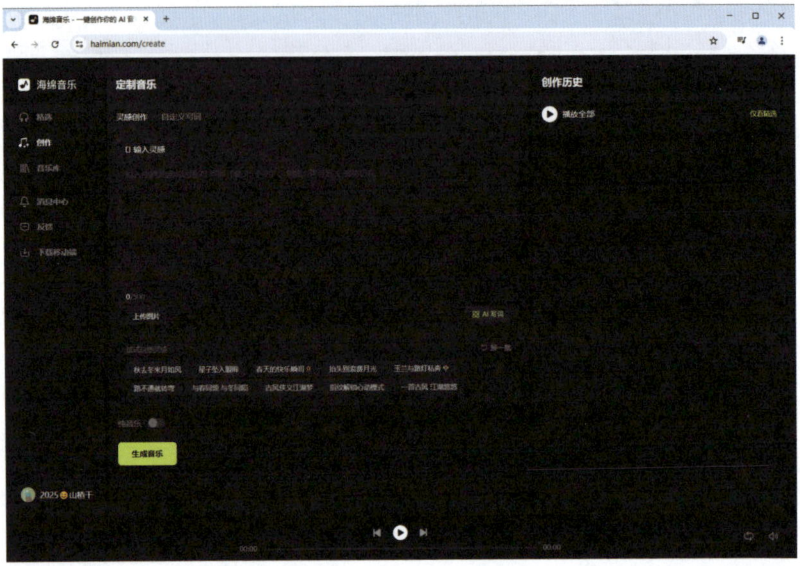

（6）选择“自定义写词”选项卡，在歌词文本框中粘贴歌词，并将歌名及歌词分段的提示删除，选择“曲风”为“国风”，选择“心情”为“放松”，选择“音色”为“男声”，如下图所示。

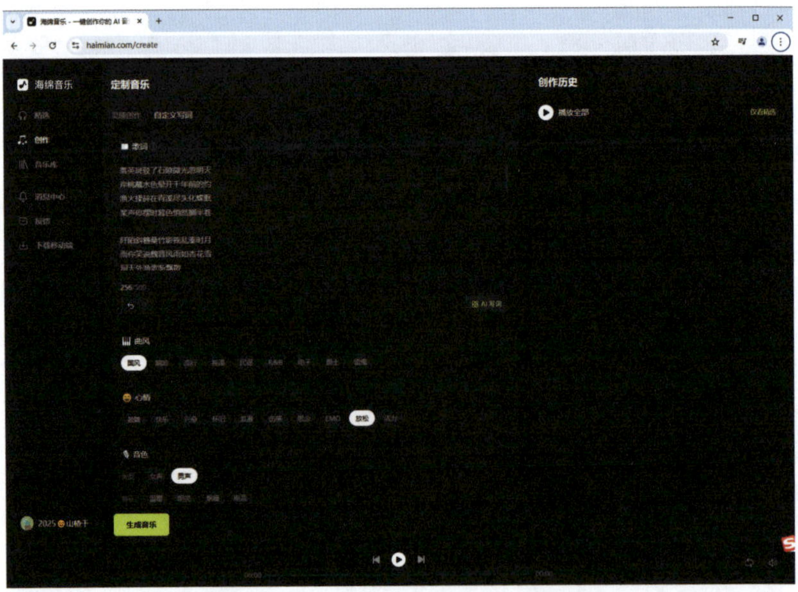

（7）单击“生成音乐”按钮，即可开始创作，创作完成后，在右侧的“创作历史”面板中会显示生成的背景音乐。需要注意的是，海绵音乐会同时创作3首音乐，我们可以逐个播放，选择效果最好的背景音乐，将鼠标指针放置在该音乐上方后会出现按钮，将鼠标指针移动到该按钮上，便会出现分享面板，如下图所示，在该面板中单击“下载视频”按钮，即可将背景音乐下载并保存到本地。

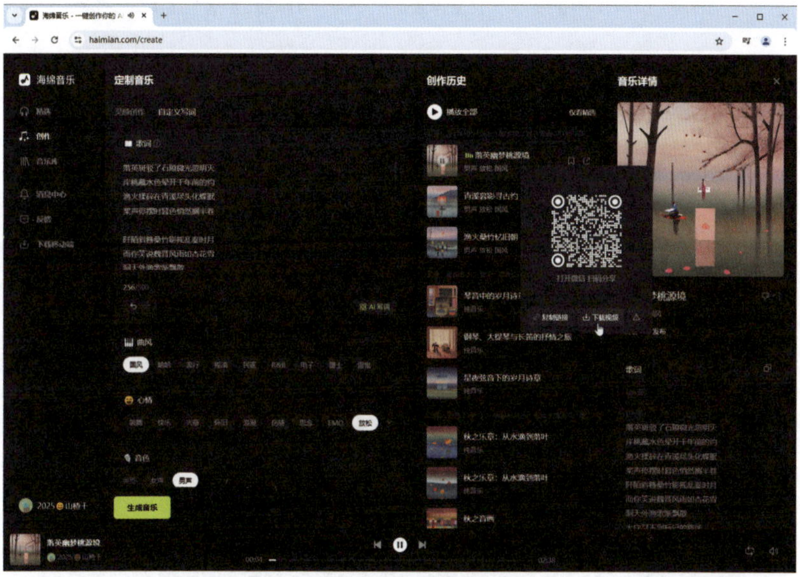

第 4 章　用 AI 制作视频

AI 视频简介

在学习、娱乐及家庭生活中，常常遇到制作视频的需求。在学习过程中，需要制作一些视频来展示成果或分享知识；在家庭生活中，想要记录温馨的家庭日常；在同学聚会时，也希望制作一段精彩的视频，回顾大家一起度过的青春岁月。有时视频更能直观地传达信息，能让家人们更好地重温美好时光，让学生们更深刻地感受往昔的情谊。

然而，制作视频往往需要耗费大量的时间和精力，对没有专业技能的人来说更是一个挑战。很多人想制作家庭纪念视频或者同学聚会回顾视频，却因不熟悉视频制作流程和技巧而望而却步。

其实，如果使用得当，借助AI技术制作视频是一件很简单的事情。例如，现在流行的可灵AI等工具，只需输入一段文字描述，就能一键生成相应的视频内容，从简单的动画到复杂的场景都能轻松搞定。无论是温馨的家庭场景，还是热闹的同学聚会画面，都可以通过输入文字，让AI快速生成令人满意的视频。

现在网上有许多有趣视频，比如小猫跳舞、孙悟空走秀等创意视频，都是使用AI技术制作而成的，如下左图和中图所示。掌握AI视频制作技术，不仅可以将课程内容转化为生动有趣的视频，方便教学和学习，还能够为自己和家人制作个性化的视频，比如记录家庭聚会的精彩瞬间，为生活增添更多乐趣。在制作过程中，还可以添加前面提到的音乐元素，让视频的氛围更加完美，情感表达更加丰富。

例如，福建漳州康桥学校的几个中学生利用AI视频制作工具生成了5位校领导一起跳韩国歌手李羲承《进行曲》的趣味视频，迅速引发网友热议，其视频点赞量达到了200万以上，如下右图所示。

AI 视频平台介绍

接下来介绍几个国内的AI视频生成平台，如可灵AI、即梦AI、海螺AI等，而白日梦AI、MOKI AI和讯飞星火可以一站式生成完整的故事视频。

可灵 AI

可灵AI是由快手团队自主研发的AI创意生产力平台，专注于通过先进的技术生成高质量的图像和视频。支持文生视频、图生视频、视频续写等多种功能，可生成最长3分钟的高清视频，尤其擅长处理带有中国元素的内容。平台广泛应用于影视制作、社交媒体创作及企业营销，并与视觉中国等企业合作实现版权交易一体化。用户界面简单，提供免费基础服务和会员付费服务。

可灵AI的界面如下图所示。

即梦 AI

即梦AI是由字节跳动旗下剪映团队推出的智能视频生成平台，通过自然语言指令或图片输入，快速生成高质量的短视频及动画内容，支持文生视频、图生视频、智能画布等多种创作模式，可生成5～10秒的连贯动态视频，同时提供丰富的分镜转场和景深效果。平台集成了AI作画、故事创作、社区灵感库等模块，用户无须专业的基础即可通过简单描述实现创意，并支持中文语义深度理解。

即梦AI的界面如下图所示。

海螺 AI

海螺AI是由中国人工智能公司MiniMax自主研发的创新型视频生成平台，支持通过文本描述或上传图片一键生成高清视频（最高2K分辨率），并具备细腻的情绪表达和动态场景转换能力。其核心功能包括多风格视频生成、智能运镜控制及AI配乐（在第3章提到的海螺音乐平台），尤其擅长处理人物表情、复杂的光影和快速动作场景。该平台在海外市场引发热潮，被广泛用于广告营销、社交媒体创意内容及教育培训领域。

海螺AI创意视频平台界面如下图所示。

MOKI

MOKI是由美图公司推出的AI短片创作平台，基于自研的奇想智能大模型（MiracleVision），支持文生视频、图生视频等多种生成方式，可自动完成分镜设计、角色生成、配乐添加及字幕合成等流程。

该平台专注于动画短片、网文短剧、绘本故事等创作场景，提供5秒至1分钟的高清视频生成能力，角色一致性表现突出。其智能分镜功能可快速拆解文本脚本，并通过积分制收费模式控制创作成本，适合个人创作者快速实现内容可视化，但在视频动态流畅度与剪辑自由度方面仍需优化。

MOKI的界面如下图所示。

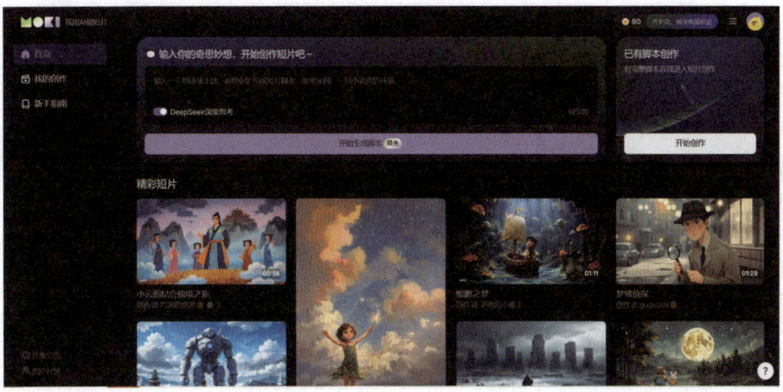

通义万相

通义万相是一款由阿里云推出的AI绘画工具，辅助使用者进行绘画创作和视频创作。在视频生成方面，通义万相的“AI视频”支持文生视频和图生视频两种方式，可以根据使用者提供的提示词或图片，自动创作出具有影视级画面质感（最长6秒）的视频，并且支持多种艺术风格，包括但不限于古风、科幻、动画等，还特别优化了对中式元素的表现，支持多语言提示词和可变分辨率生成。目前，通义万相生图和视频创作功能是完全免费的。

通义万相的界面如下图所示。

白日梦

白日梦是一款集成了多项先进技术的智能视频制作工具，它能够将输入的文案转化为生动有趣的视频内容。使用者只需提供不超过2000字的文案，白日梦AI便能自动生成包含角色、场景、分镜和配音在内的完整视频。

白日梦的界面如下图所示。

清影-AI 生视频

清影-AI生视频是由智谱清言开发的视频生成平台，支持通过文字描述或上传图片快速生成视频内容，并提供卡通、电影感等多种风格选择。该平台可生成4K分辨率、60帧的超高清视频，6秒视频最快仅需30秒完成，同时支持添加背景音乐及多通道批量生成。

清影-AI生视频的界面如下图所示。

Vidu

Vidu是一款集视频生成、多镜头处理、个性化创作等功能于一体的AI视频工具，Vidu大模型是一款由北京生数科技有限公司研发的AI视频生成模型，核心团队成员来自清华大学人工智能研究院。它能够快速生成长达16秒、1080P的高清视频，同时在模拟真实物理世界的基础上，展现出较高的想象力和创造力。

Vidu的界面如下图所示。

讯飞绘镜

讯飞绘镜是由科大讯飞推出的AI视频创作平台，基于星火大模型技术实现文本到视频的自动化生成。用户只需输入文字描述，平台即可自动拆分分镜、生成画面并合成完整的视频，支持短剧、MV、预告片等多题材创作。

其特色在于全流程覆盖创意构思到视频导出，提供7类动态模型、智能旁白/配乐添加及对比预览功能，降低专业视频制作门槛，适用于内容创作者、营销人员快速实现创意可视化，尤其适合需要高效产出短视频的场景。

讯飞绘镜的界面如下图所示。

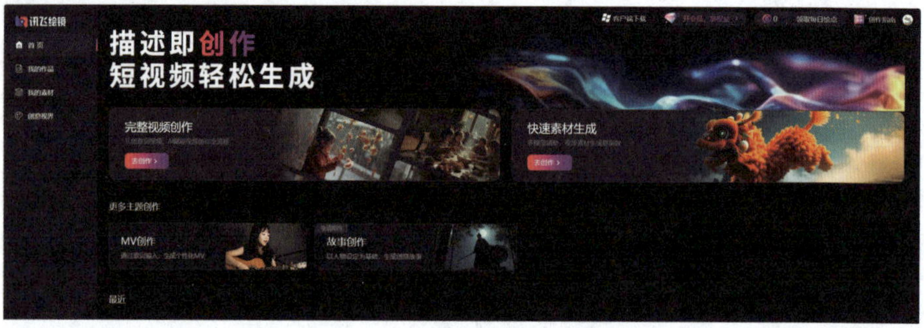

寻光

寻光绘画平台是由阿里巴巴达摩院推出的一站式AI创作平台，专注于将文本与图像转化为高质量视频内容。其核心功能包括：通过输入文字自动生成分镜故事板，由AI辅助完成从剧本到画面的视觉转化；支持角色定制和场景生成，用户可自定义人物形象并保持画面风格的一致性；提供图生视频能力，可将静态的图片转化为动态的视频，结合运镜控制、运动编辑等特效。平台还具备图层拆解、目标消除等精细化编辑功能，操作界面类似PPT，大幅降低创作门槛。

寻光的界面如下图所示。

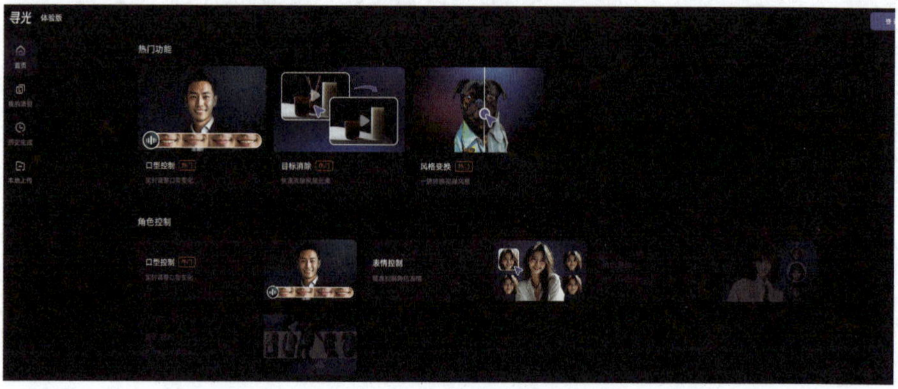

实拍视频秒变二次元画风

AI技术可精准识别视频中的物体轮廓与光影特征，结合风格迁移模型实现卡通化渲染。这种技术突破了传统动画制作对美术功底与时间成本的高要求，学生仅需上传素材即可一键生成个性化动漫风格的视频，既能保留原内容的叙事逻辑，又能通过艺术化表达增强视觉吸引力，特别适合创意类课程或兴趣作品的二次创作需求。

接下来介绍将写实的视频转化为国风卡通风格的具体操作步骤。

（1）准备一段20秒以内自己录制的视频，这里使用的是一位小男孩练习拳击的视频，视频截图如下组图所示。

（2）使用手机下载通义App，打开通义App，使用手机号登录，进入通义App主界面，如下左图所示。

（3）单击界面右上角的 按钮，进入通义的智能体界面，在界面上方选择“视频生成”选项卡，进入“视频生成”页面，如下右图所示。

（4）选择“视频滤镜”功能，进入“风格滤镜”选择界面，单击“国风卡通风格”卡片下方的“做同款”按钮，如下左图所示。

（5）在弹出的界面中单击“上传视频”按钮，选择录制好的视频素材。因为录制的是20秒以内的视频，所以在“选择视频片段”界面可以不用调整，直接单击“完成”按钮，如下右图所示。

（6）单击“我的记录”按钮即可查看视频生成的进度，等待视频生成后即可将视频保存到手机中。这里生成的视频是把写实风格转绘成了国风卡通风格，生成的视频截图如下组图所示。

将人物图片转化为鲜活形象

静态的人物图片往往只能定格瞬间，表达的信息有限。而将人物图片动态化后，图片中的人物仿佛活了起来，能够展现出更多的情感和动作，使画面更加生动有趣。学生在制作视频或展示作品时，将喜欢的人物图片动态化，可以为内容增添更多的活力和吸引力。利用AI进行人物图片动态化，不需要专业的动画制作知识，只需上传图片，就能快速生成动态效果，让创作不再受技术的限制。

（1）准备一张历史名人的图片，这里以孔子的图片为例，如下左图所示。打开即梦AI官网，进入即梦AI网站页面，单击页面右上方的“登录”按钮，在打开的页面中使用手机号登录，登录后进入即梦AI创作页面，如下右图所示。

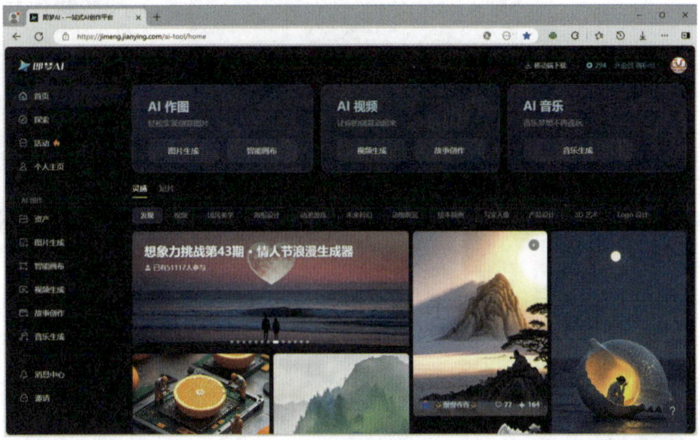

（2）在页面左侧单击“图片生成”按钮，进入图片生成创作页面，单击 导入参考图 按钮，将准备好的历史名人图片上传，上传后会弹出“参考图”对话框，将“参考强度”设置为75，设置“请选择你要参考的图片维度”为“边缘轮廓”，设置“生图比例”为3：4，如下图所示。

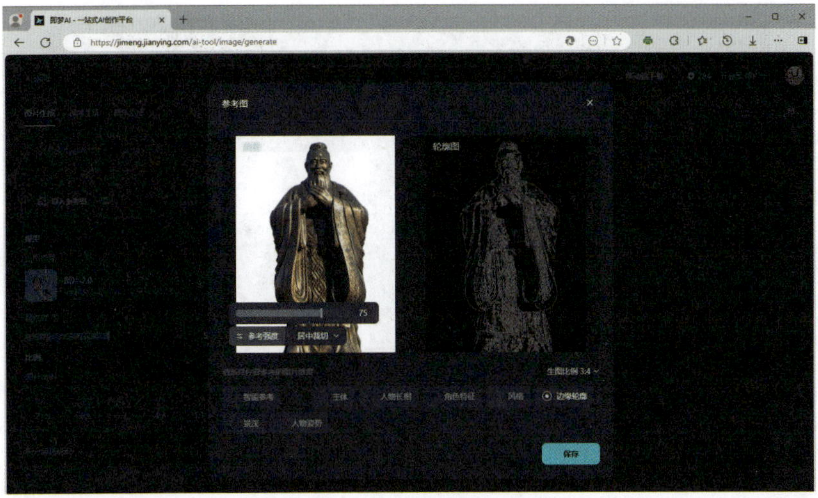

（3）单击“保存”按钮，在文本输入框中输入想要生成的图片描述，这里输入的是“老年孔子形象，写实风格，1∶1复原人物”，设置“生图模型”为“图片2.0”，设置“图片比例”为“3∶4”，其他设置保持默认不变，单击“立即生成”按钮，便会在页面右侧生成图片，如下图所示。

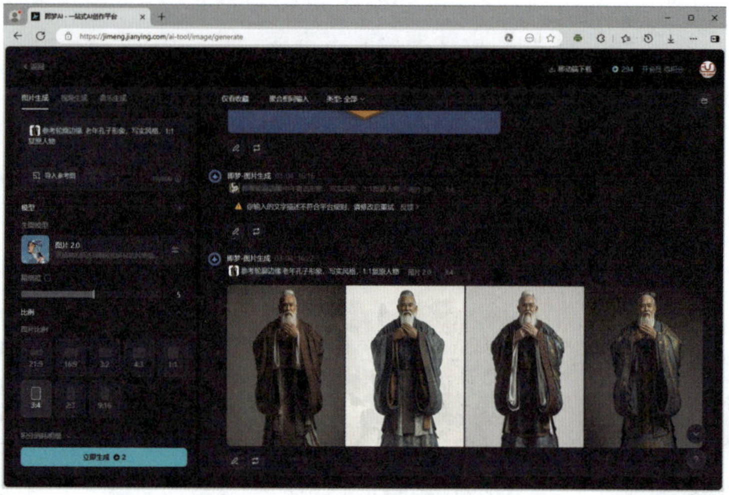

（4）选择一张效果最好的图片下载并保存到本地，打开Vidu官网，进入Vidu网站页面，登录后进入Vidu的视频创作页面。在页面左侧选择“图生视频”选项卡，在上传图片区域的左侧上传原始历史名人图片，在右侧上传真实还原后的图片，在提示词文本框中输入“孔子雕像自然过渡到写实人物画像”，实现从雕像到写实的变换，设置“时长”为“4秒”，设置“清晰度”为“极速”，设置“运动幅度”为“自动”，其他参数保持默认不变，单击“创作”按钮，等待创作完成。生成的视频会在右侧显示出来，如下图所示，然后将视频下载保存到本地即可。

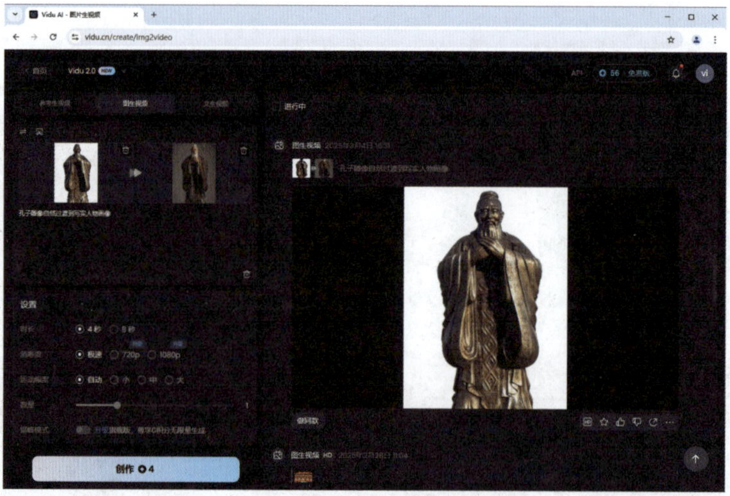

（5）单击按钮，将上传的两张图片调换顺序，单击原始历史名人图片右上方的按钮，将图片删除，将提示词修改为“孔子先生开口说话的动作”，设置“运动幅度”为“小”，其他参数保持不变，单击“创作”按钮，等待创作完成。生成的视频会在右侧显示出来，如下图所示，将视频下载并保存到本地。

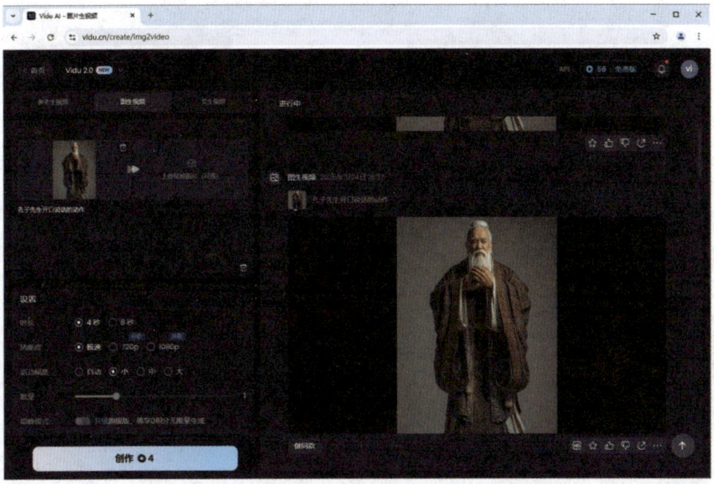

（6）回到即梦AI网站页面，在左侧选择“数字人”选项卡，在“数字人”选项卡中选择“对口型”功能，在“角色”的图片/视频上传区域单击上传孔子先生开口说话的视频，设置“生成效果”为“标准”，设置“对口型”的方式为“文本朗读”，在文本输入框中输入一句孔子的名言“己所不欲，勿施于人”，根据输入的文本长度，在文本框的左下角会显示说话的时长，时长要控制在上传视频的时长之内，设置“朗读音色”为“沉稳老者”，要与上传的视频相对应，其他参数保持默认不变，单击“生成视频”按钮，便会在页面右侧生成视频，如下图所示，将视频下载并保存到本地。

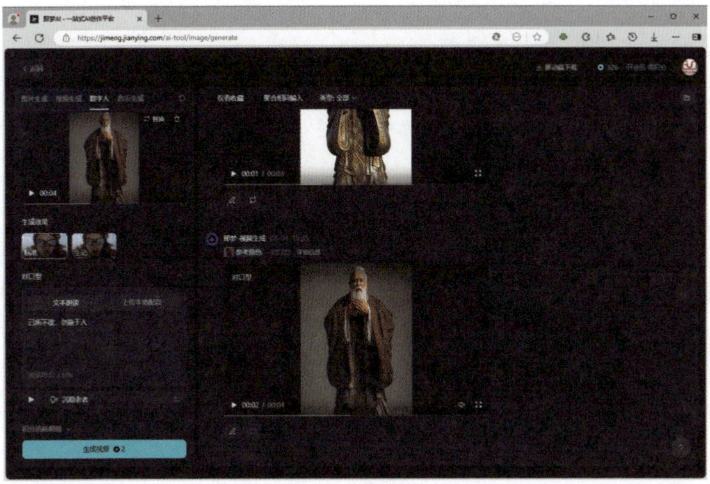

（7）打开剪映专业版软件，将保存到本地的孔子从雕像到写实的变换视频和对口型视频导入，先将孔子从雕像到写实的变换视频拖入轨道，再将对口型视频拖入。通过预览效果发现，孔子从雕像到写实的变换视频后两秒是静止不动的，等待时间过长，因此将该视频后面的两秒裁剪掉，便完成了最终的效果，如下图所示。

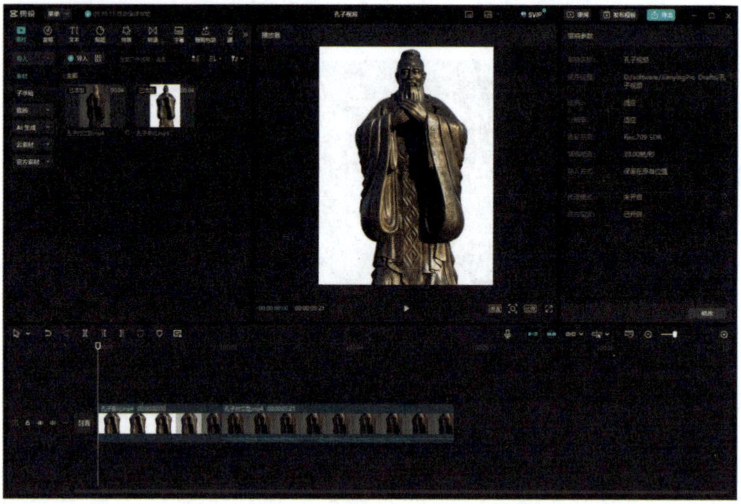

（8）将视频导出，使人物图片动态化的视频就制作完成了。

课文秒变趣味视频

在日常的学习过程中，大家经常会接触到各种各样的课文。这些课文包含丰富的知识和精彩的故事，但有时仅仅通过阅读文字来理解可能会觉得有些枯燥。借助AI能够将这些课文转化为生动有趣的视频。只需将课文内容转换成脚本，AI就能自动为大家生成对应的视频画面，同时还能配上合适的音乐和声音效果，让课文内容变得更加直观和有趣，帮助大家更好地理解和记忆。

接下来通过MOKI平台将课本中蒲松龄的《狼》这篇文言文制作成视频，具体操作步骤如下。

（1）首先用DeepSeek将《狼》这篇文言文制作成分镜头脚本，打开DeepSeek官方平台，在DeepSeek文本框中输入文本提示词，具体如下。

> 一屠晚归，担中肉尽，止有剩骨。途中两狼，缀行甚远。屠惧，投以骨。一狼得骨止，一狼仍从。复投之，后狼止而前狼又至。骨已尽矣。而两狼之并驱如故。屠大窘，恐前后受其敌。顾野有麦场，场主积薪其中，苫蔽成丘。屠乃奔倚其下，弛担持刀。狼不敢前，眈眈相向。少时，一狼径去，其一犬坐于前。久之，目似瞑，意暇甚。屠暴起，以刀劈狼首，又数刀毙之。方欲行，转视积薪后，一狼洞

其中，意将隧入以攻其后也。身已半入，止露尻尾。屠自后断其股，亦毙之。乃悟前狼假寐，盖以诱敌。狼亦黠矣，而顷刻两毙，禽兽之变诈几何哉？止增笑耳。将以上《狼》这篇文言文修改成分镜头脚本，每个镜头描述不超过60字。

（2）DeepSeek生成的分镜头脚本如下图所示。

镜号	景别	时长	画面描述	台词	音效
1	远景	5s	傍晚，屠夫担着只剩骨头的担子回家，两只狼在后面远远跟着。	无	脚步声、狼叫声
2	中景	6s	屠夫害怕，扔骨头，一只狼停下，另一只仍跟着，再扔，情况依旧。	屠惧，投以骨。	扔骨头声、狼叫声
3	近景	5s	骨头扔完，两狼继续一起追，屠夫很窘迫。	骨已尽矣。而两狼之并驱如故。屠大窘	紧张的心跳声、狼叫声
4	全景	6s	屠夫看到麦场积薪，跑过去倚靠，放下担子持刀。	顾野有麦场……弛担持刀。	跑步声
5	特写	5s	狼不敢上前，凶狠地盯着屠夫。	狼不敢前，眈眈相向。	低沉的狼吼声
6	中景	7s	一只狼离开，另一只像狗一样坐在前面，闭眼很悠闲。	少时，一狼径去，其一犬坐于前。久之，目似瞑，意暇甚。	安静氛围音
7	特写	6s	屠夫突然跳起，用刀劈死面前的狼。	屠暴起，以刀劈狼首，又数刀毙之。	刀砍声
8	中景	7s	屠夫转身看到另一只狼在积薪后打洞，砍断它的后腿将其杀死。	转视积薪后……亦毙之。	刀砍声、狼叫声
9	中景	8s	屠夫醒悟前狼假寐是诱敌，感慨狼再狡猾也[illegible]笑。	乃悟前狼假寐……止增笑耳。	轻松的叹息声

（3）接下来通过生成的分镜头脚本生成视频，打开MOKI官方平台，进入MOKI首页界面，如下图所示。

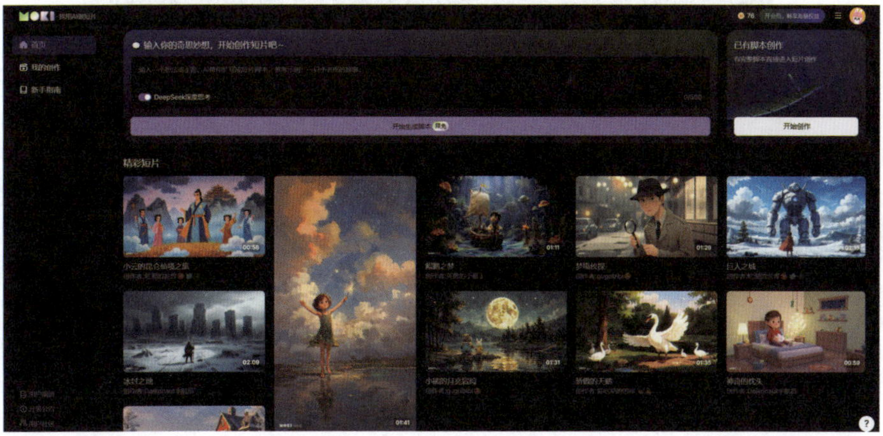

（4）在MOKI首页界面可以看出，MOKI平台已经接入了DeepSeek，如果对故事内容仅有大概方向，可以用MOKI平台内置的DeepSeek来生成分镜头脚本。因为本例指定了课文内容并生成了分镜头脚本，所以直接单击MOKI首页右上方的“已有脚本创作”卡片中的“开始创作”按钮，进入下图所示的界面。

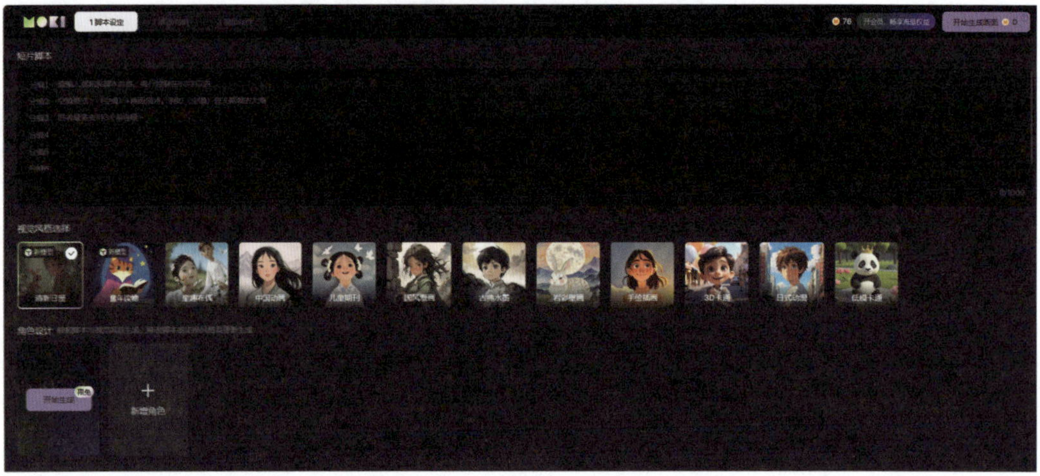

（5）复制此前DeepSeek生成的分镜头脚本，依次粘贴到“短片脚本”下方的分镜文本框中，如下图所示。

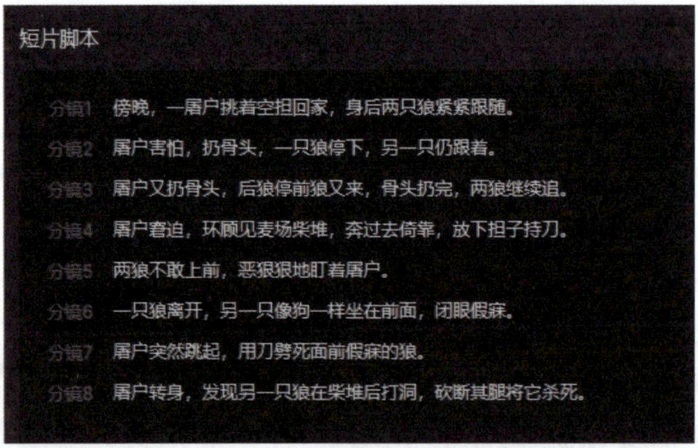

（6）将“视觉风格选择”设置为“童年读物”，如下图所示。

（7）单击“角色设计”下方的“开始生成”按钮，即可生成故事中的角色形象，AI只识别出了故事中屠户的形象，并没有识别出两只狼的角色，如下左图所示。

（8）单击下方的“新增角色”按钮，进入角色生成界面，如下右图所示。

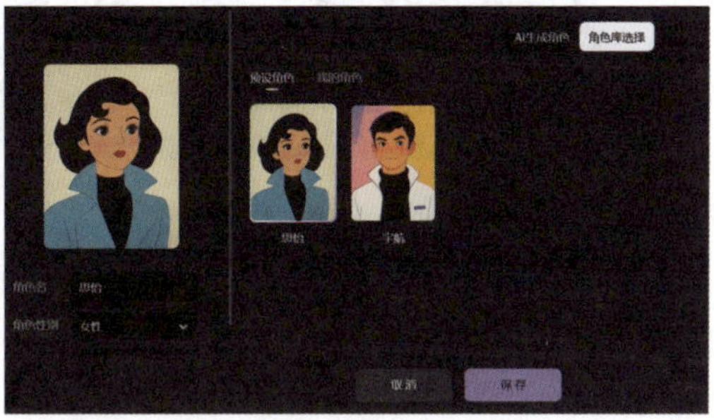

（9）新角色的生成有两种方式，一种是通过角色库生成，另一种是AI生成角色。由于角色库中没有关于狼的形象，所以选择“AI生成角色”选项，生图界面如下图所示。

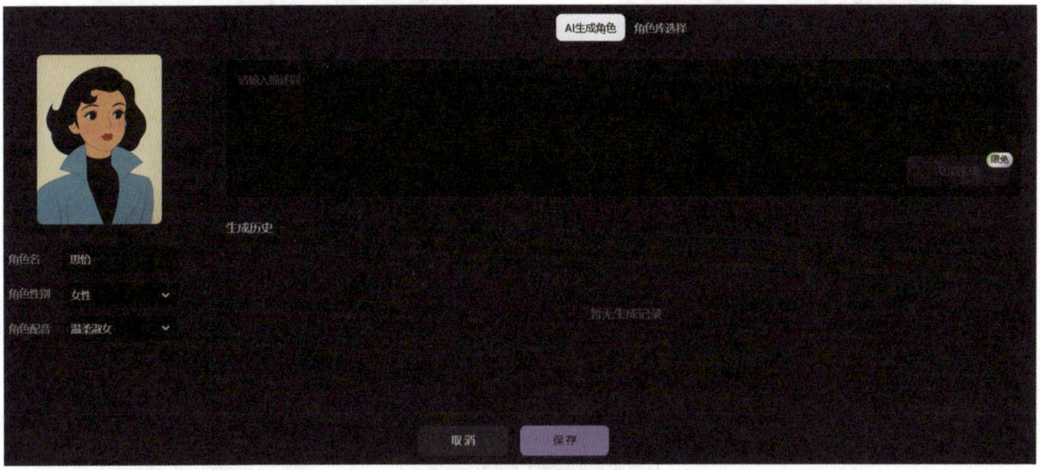

（10）在文本框中输入相关的提示词，首先生成“假寐狼（假装睡觉的狼）”的形象，在文本框中输入的文本提示词为“毛发杂乱的灰狼，半闭眼假寐姿态，前肢放松微曲，尾巴自然垂落，嘴角微扬似带狡黠，黄昏光线从侧后方投射，营造明暗对比，背景为枯草麦场与柴堆”。单击文本框右侧的“立即生成”按钮，即可生成相关图像，生成的效果如下页上图所示。

（11）选择喜欢的角色形象，并在左侧为其选择合适的角色名、角色性别和角色配音，如下左图所示。

（12）按照以上方法生成另一只狼（打洞狼）的角色形象，这里生成的角色形象如下右图所示。

（13）对屠户的形象做进一步的优化，最终确定故事的3个角色如右图所示。

（14）点击右上方的“开始生成画面”按钮，即可生成关于脚本的图片画面，如下图所示。

（15）左侧是分镜头的最终呈现画面，在右侧的编辑区域，修改文本框中的画面描述内容，并单击下方的“重新生成”按钮，即可对分镜画面进行修改，新生成的画面会在界面下方呈现出来。本例修改的分镜6画面如下图所示。

（16）确定好画面之后，单击画面下方的“旁白”文字，右侧会出现对画面台词的修改界面，如右图所示。

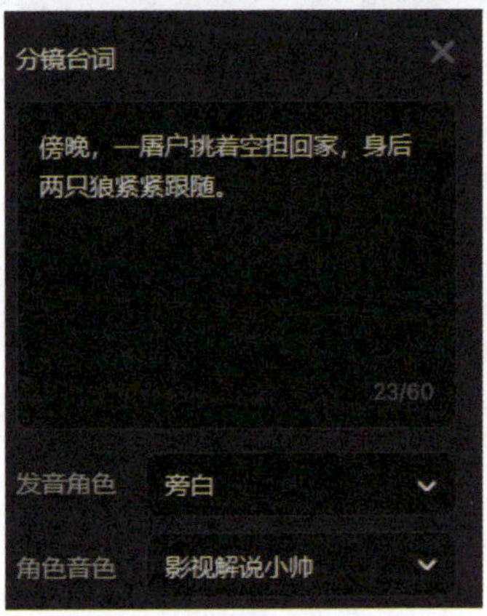

（17）确定好配音后，开始生成视频画面，在右上方可以选择生成视频的模型，MOKI一共有3种模型。如右图所示。

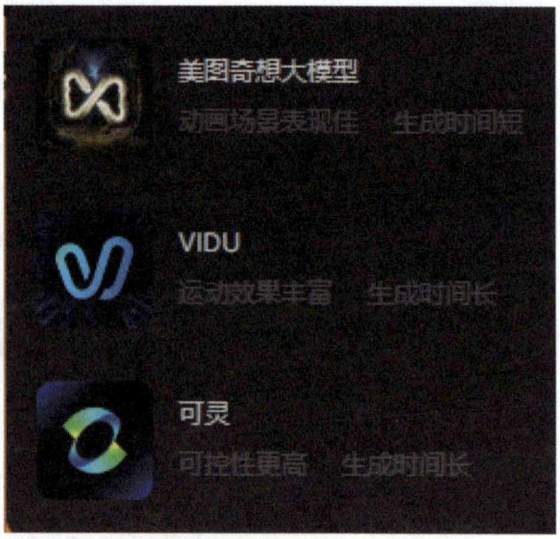

第一种是美图奇想大模型，这种模型的优点是：动画场景表现佳，生成时长较短。

第二种是VIDU大模型，这个模型的运动效果丰富，但是用时较长。

第三种是可灵大模型，这个模型视频生成的可控性较高，但是生成的时间较长。

（18）这里选择“可灵”大模型，单击上方的“开始生成视频”按钮，即可生成视频，如下图所示。

（19）在界面左侧可以选择视频的背景音乐，单击下方的音乐音频轨道，即可在界面右侧调整音量大小，并开启“淡入淡出”效果，如右图所示。

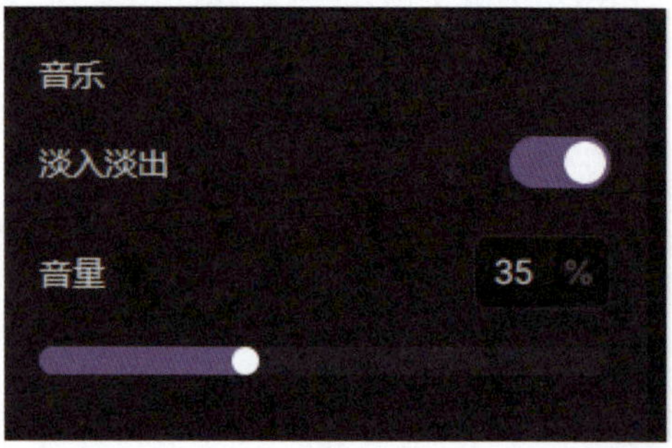

（20）单击画面轨道，即可在界面中再次生成视频画面，如下左图所示。

（21）单击“AI运镜”按钮，即可选择对应的运镜方式及运镜速度，如下右图所示。

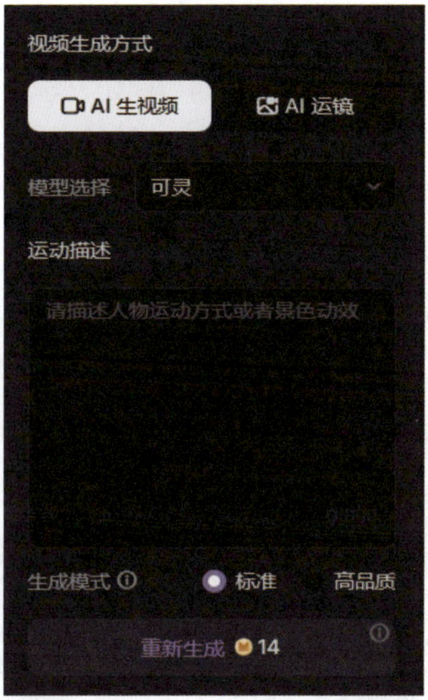

（22）单击配音音频轨道，即可在右侧给故事重新配音，如下左图所示。

（23）单击文字轨道，即可对字母样式进行修改，具体如下中图和下右图所示。

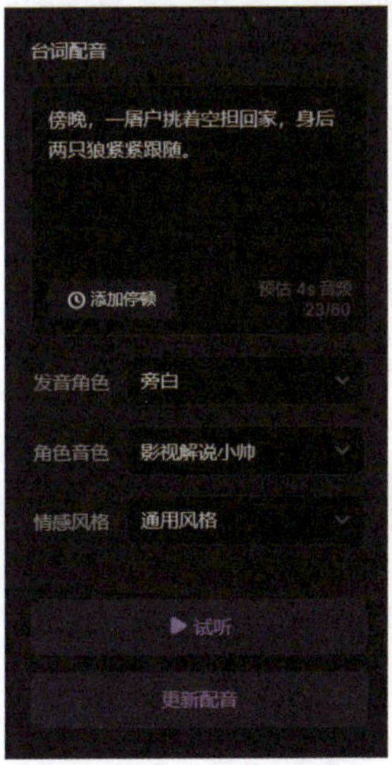

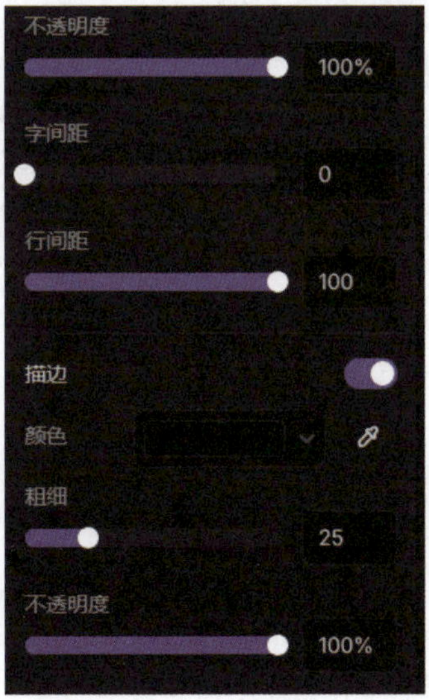

（24）单击右上方的“导出”按钮，即可导出故事内容。

打造脑洞大开的趣味短片

创作奇妙的跨越时空握手视频

“跨越时空的握手”是一项结合虚拟现实和AI技术的创新应用，它能够让人与不同时间和空间的人进行互动。例如，学生可以通过这项技术与历史上的名人“握手”，或与未来的自己进行对话。这种虚拟互动不仅能够激发学生的想象力，还能让他们更深入地理解历史事件或科学理论，打破了时间和空间的限制，为教育和娱乐带来了全新的可能性。

接下来将创作一个小男孩和爱因斯坦握手的创意视频，具体操作步骤如下。

（1）准备两张照片素材和一张背景图片素材，使用“美图秀秀”的抠图功能将两张照片中的人物抠出并拼合到背景图片素材中。需要注意的是，拼接完成后的照片的背景一定要统一，不能有太大的跳跃。笔者拼接的照片是一个小男孩和爱因斯坦的照片，背景图为未来的科技感街道，如下图所示。

（2）打开可灵AI官网，进入可灵AI网站页面，单击右上方的“登录”按钮，在弹出的登录面板中使用手机号登录。登录成功后，单击页面左侧的“AI视频”按钮，进入“图生视频”创作页面，在页面上方选择“可灵1.6”模型，在左下方选择“首尾帧”功能，单击按钮，上传拼接完成的图片素材，如下页左上图所示。

（3）虽然选择了“首尾帧”功能，但实现的效果并不需要使用尾帧图片，所以只上传首帧图即可，在“图片创意描述”文本框中输入想要生成的视频效果，因为想要实现小男孩与爱因斯坦握手的效果，所以输入的描述为“男孩转身面向老人伸出右手与老人握手”，如下页右上图所示。

（4）在“参数设置”选项区域，设置“创意想象力”为0.6，设置“生成模式”为“标准”，设置“生成时长”为“5s”，设置“生成数量”为“1条”，如下图所示。

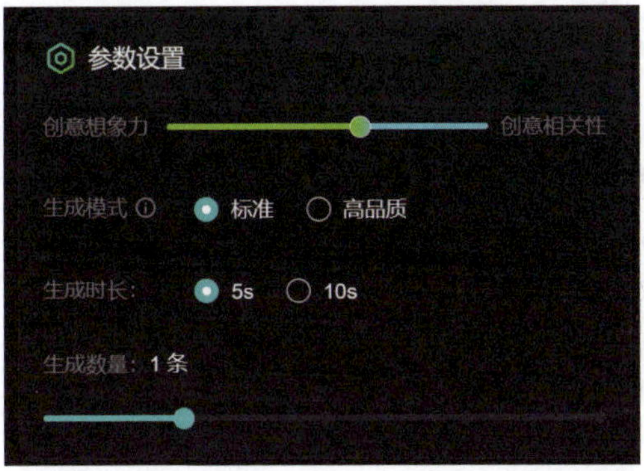

（5）单击下方的“立即生成”按钮，即可生成一段5秒的跨越时空握手的视频，如下组图所示。

创作地标建筑变花灯视频

地标建筑是城市的象征和文化的代表，它们承载着丰富的历史和故事。而花灯作为一种传统的艺术形式，以其绚丽多彩的灯光和精美的造型，给人带来了美好的视觉享受。将地标建筑与花灯元素结合，创作地标建筑变花灯的视频，既能展现城市的特色风貌，又能融入传统文化的魅力。学生通过制作这样的视频，可以加深对城市和传统文化的理解。利用AI制作该视频，能够快速地将地标建筑与花灯效果进行合成，呈现出震撼的视觉效果。

接下来将创作地标建筑变花灯的视频，具体操作步骤如下。

（1）准备一张地标建筑图片，如下左图所示，打开星流AI官网，进入星流AI网站页面，单击“立即创作”按钮，在弹出的登录面板中单击“其他方式登录”中的 按钮，使用手机号登录，登录后进入星流AI的项目库页面，如下右图所示。

（2）单击“创建项目”按钮，进入图片创作界面，单击“增强模型”下方的加号按钮，在弹出的“增强模型”面板中搜索“元宵彩灯纸灯”“元宵节花灯”“传统纹样敦煌藻井纹”“夜景星空风光摄影”4个增强模型并添加，并将它们的权重依次设置为1、0.9、0.8、0.7，如下图所示。

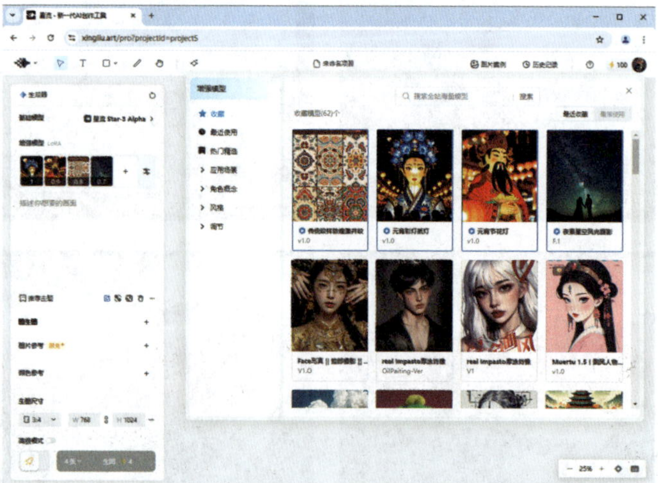

（3）在提示词文本框内输入你想要的画面描述，这里输入的是“一幅大型剪纸花灯，有着精美细致的剪纸图案，以高清摄影呈现。它散发着浓郁的中国新年氛围，周围环绕着热闹的灯笼和绚丽的彩灯。场景设定在元宵节的夜晚，背景中有闪烁的繁星和极光。例如莲花、花卉图案、祥云和精美的纹理。设计包含复杂却平衡的细节，宏大且富有文化内涵的构图，庄重典雅的美感。色彩搭配为中国红与金色，点缀着绿松石色和棕色”。

（4）单击“图片参考”右侧的加号按钮，在弹出的“图片参考”面板中单击“上传图片”按钮，选择准备好的地标建筑图片，设置“参考维度”为“线稿轮廓”，设置“参考程度”为“0.5”，单击右下方的“同步生图尺寸”按钮，使生图尺寸与参考图的尺寸保持一致，如下图所示。

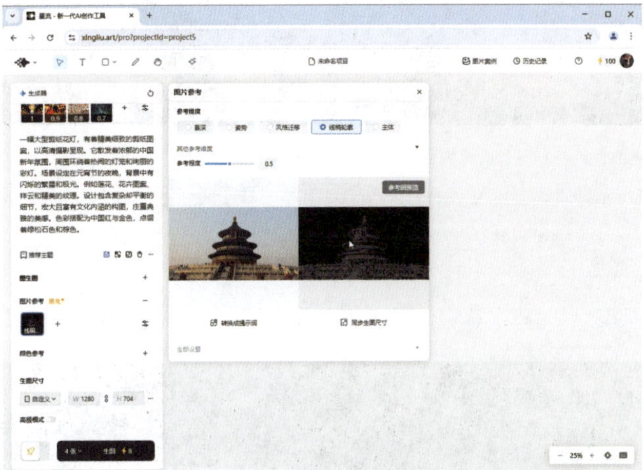

（5）这样生图参数就设置完了，生图张数默认为4张保持不变，这是为了尽可能一次就生成需要的图片，单击“生图”按钮，等待生图。生图完成后，生成的图片就会显示在右侧的画布区域，如下图所示。挑选一张效果最好的图片保存到本地，作为接下来生成视频的素材图片。

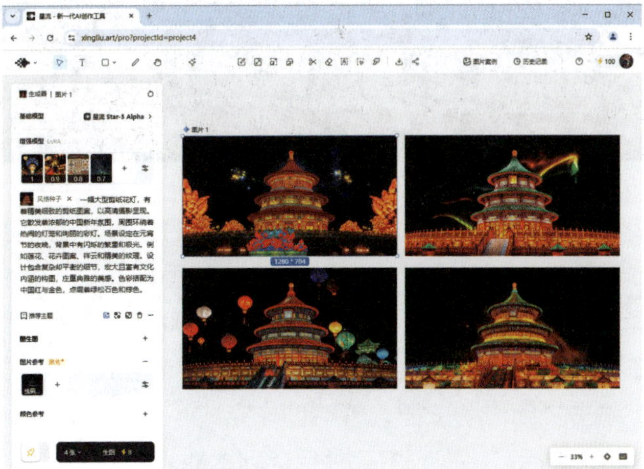

（6）使用同样的方法，将一张故宫的地标建筑图也转换为花灯的效果，这里挑选了一张转换效果最好的，如下图所示。

（7）打开Vidu官网，进入Vidu网站页面，单击右上方的“登录”按钮，在登录页面使用手机号登录，登录后进入Vidu的视频创作页面，如下图所示。

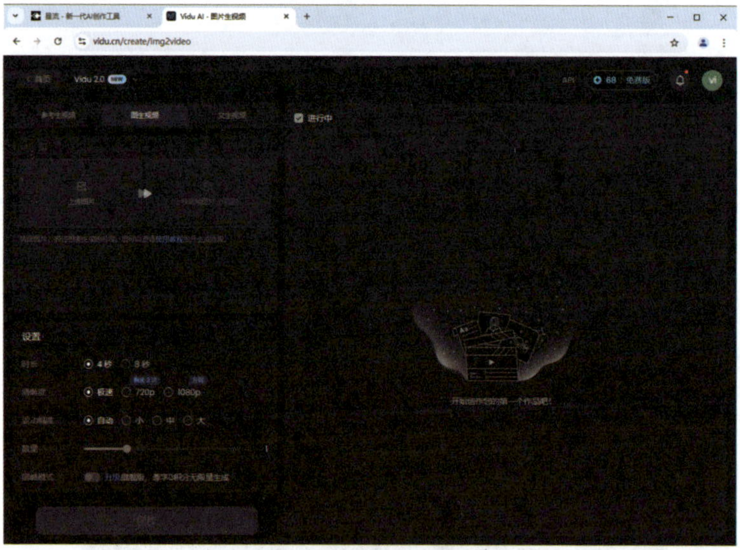

（8）选择“图生视频”选项卡，在上传图片区域的左右两侧分别上传原始的地标建筑图片和花灯效果的地标建筑图片，在提示词文本框中输入“从白天到晚上，延时摄影，白云快速涌动，100倍速度”，实现从白天到黑夜的变换效果，设置“时长”为“4秒”，设置“清晰度”为“720p”，设置“运动幅度”为“自动”，其他参数保持默认不变，单击“创作”按钮，等待创作完成，生成的视频便会在右侧显示出来，如下页上图所示，然后可将视频下载并保存到本地。

（9）单击上传图片右上方的按钮，将上传的两张图片删除，在上传图片区域的左右两侧分别上传花灯效果的天坛地标建筑图片和花灯效果的故宫地标建筑图片，将提示词修改为“第一人称视角，相机向前推进，动感模糊效果”，其他参数保持不变，单击“创作”按钮，等待创作完成，生成的视频便会在右侧显示出来，如下图所示。然后可将视频下载并保存到本地。需要注意的是，在生成这段视频时，可能需要多次尝试，如果对效果不满意，可以尝试更换提示词。

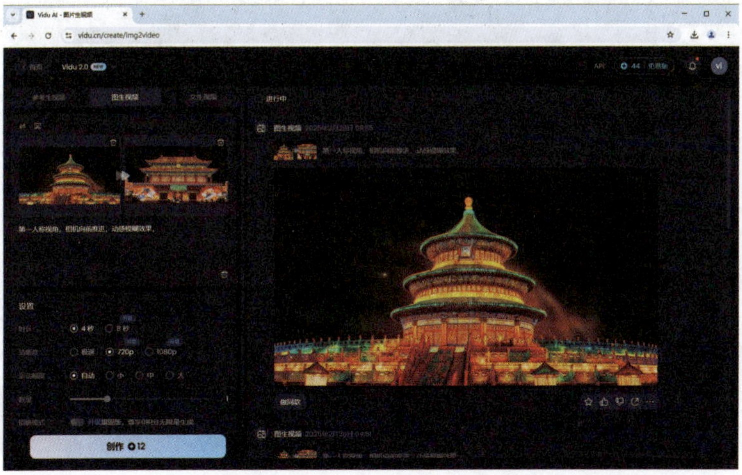

（10）使用同样的方法，生成故宫花灯到烟花的效果视频，并将视频下载保存到本地。打开剪映专业版软件，将保存到本地的3段视频导入，将3段视频按顺序排列在轨道上，如下图所示。

（11）在“音频”选项卡中选择一首合适的背景音乐，添加到轨道中，并在背景音乐的节奏转折处分割，选中第一段视频，在右侧选择“变速”选项，在视频轨道中拖动第一段视频，使其与第一段背景音乐对齐。之后使用相同的方法将剩余两段视频进行变速处理，如下图所示。

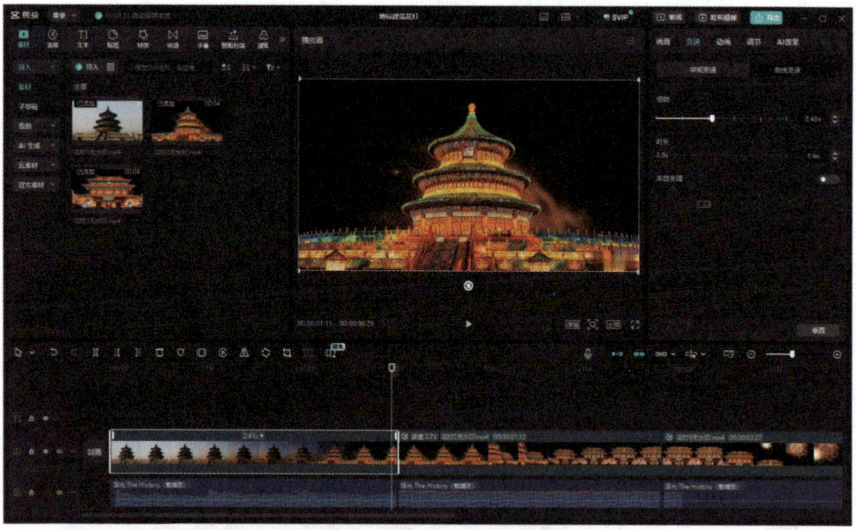

（12）为了使卡点效果更加明显，选中第一段音乐，在右侧的面板中将“淡入时长”设置为0.1s，将第二段背景音乐同样设置为0.1s，最后一段背景音乐因为是结尾，可以设置得稍微长一些，设置为0.2s，如下图所示。

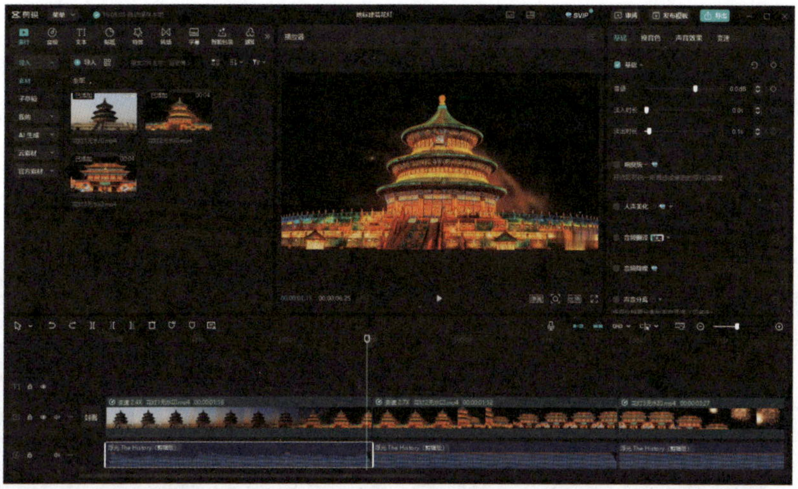

（13）为了使视频更加完整，还需要在烟花盛开的部分添加文字。将时间轴移动到烟花都盛开的地方，在“文本”选项卡中添加默认文本，选中默认文本轨道，在右侧的“文本”面板中将文本内容改为“中华盛世”，设置“字体”为“三极泼墨体”，设置“字号”为“25”，设置“颜色”为“ff4343”，设置“字间距”为“4”，居中对齐，如下左图所示。

（14）勾选“阴影”复选框，设置“颜色”为“000000”，设置“不透明度”为“100%”，设置“模糊度”为“0%”，设置“距离”为“5”，设置“角度”为“-45°”，如下右图所示。

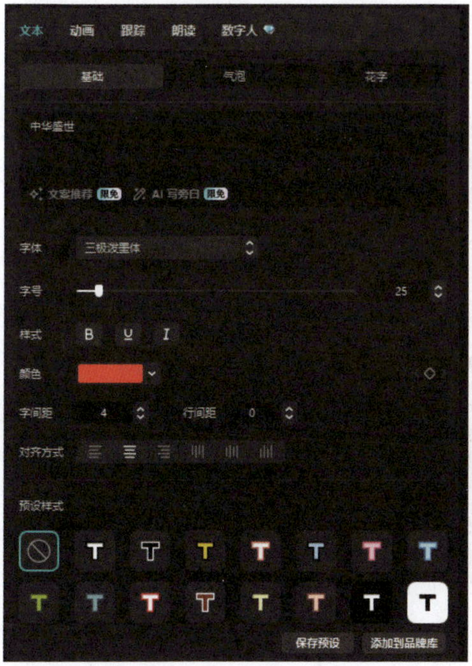

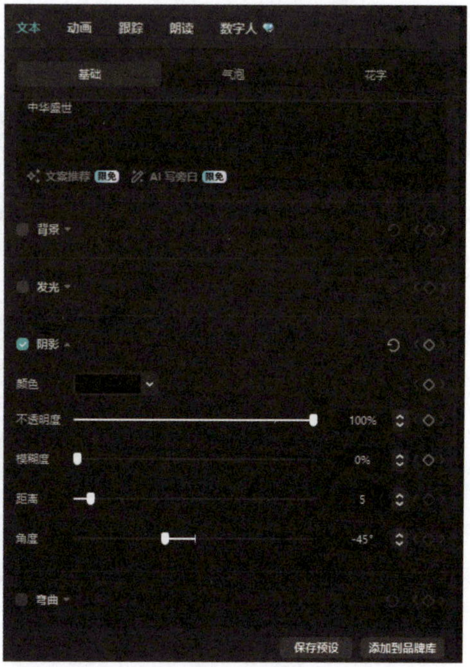

（15）为了呈现出文本慢慢出现并放大的效果，在文本轨道开始处，将文本的“缩放”设置为“31%”，将“不透明度”设置为“0%”，并为“缩放”和“不透明度”添加关键帧，如下左图所示。

（16）在文本轨道的四分之一处，将文本的“缩放”设置为“124%”，将“不透明度”设置为“100%”，如下右图所示。

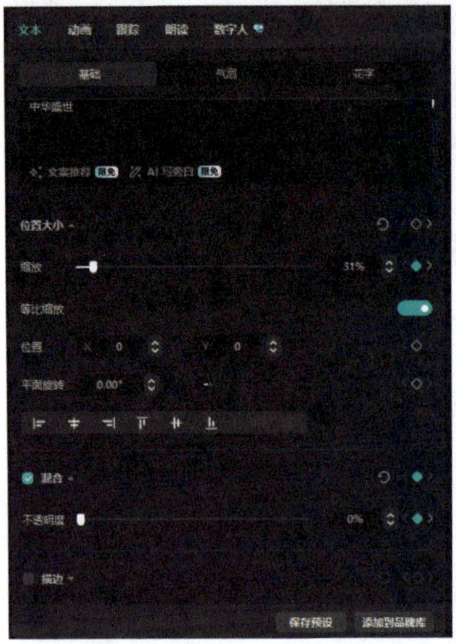

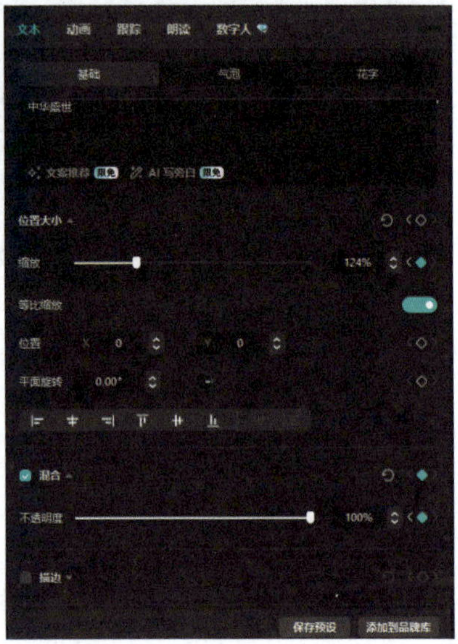

（17）在视频的结尾处，还需要添加一个落幕动画，选中第三段视频，选择“动画”→“出场”选项卡，选择“渐隐”效果，并使用相同的方法为文本轨道添加出场动画，如下图所示。

（18）将视频导出，创作地标建筑变花灯的视频就制作完成了。

创作地标建筑开花视频

地标建筑通常给人一种庄重、稳定的感觉，而“开花”这一动态变化则为其赋予了生机和活力。创作地标建筑开花的视频，能打破人们对地标建筑的常规认知，带来新奇和惊喜的视觉体验。学生在制作这样的视频过程中，可以发挥自己的创意和想象力，赋予地标建筑新的意义。借助AI技术，能够轻松实现地标建筑开花的特效，无须复杂的后期制作，就能让创意变为现实。

（1）准备3张地标建筑的竖图图片，如下图所示，打开即梦AI官网，进入即梦AI网站页面并登录，在页面左侧选择“图片生成”选项，进入图片创作页面。

（2）在提示词文本框中输入建筑开花后的描述，如“万物新生，建筑外面裹着牡丹花，建筑上开满牡丹花，飞舞的蝴蝶，蓝天白云，春天，万物复苏，天空通透干净”。单击按钮，上传一张地标建筑图片，在“参考图”对话框中，设置“请选择你要参考的图片维度”为“边缘轮廓”，设置“参考强度”为60，设置“生图比例”为“9：16”，如右图所示。

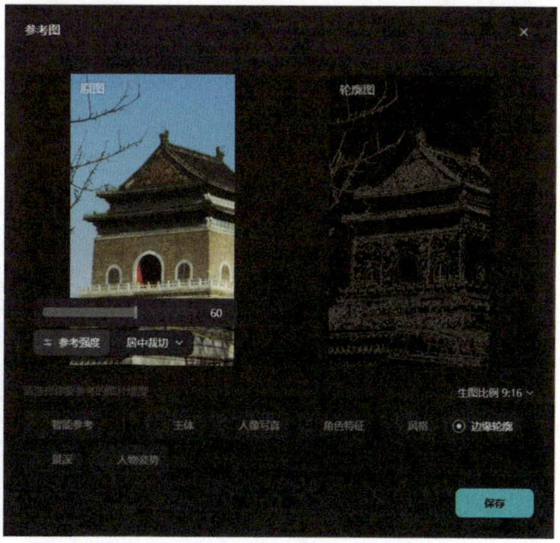

（3）单击“保存”按钮，选择“生图模型”为“图片2.0”，选择“精细度”为10，设置“图片比例”为“9：16”，单击“立即生成”按钮，便会在页面右侧生成的图片，如下图所示。

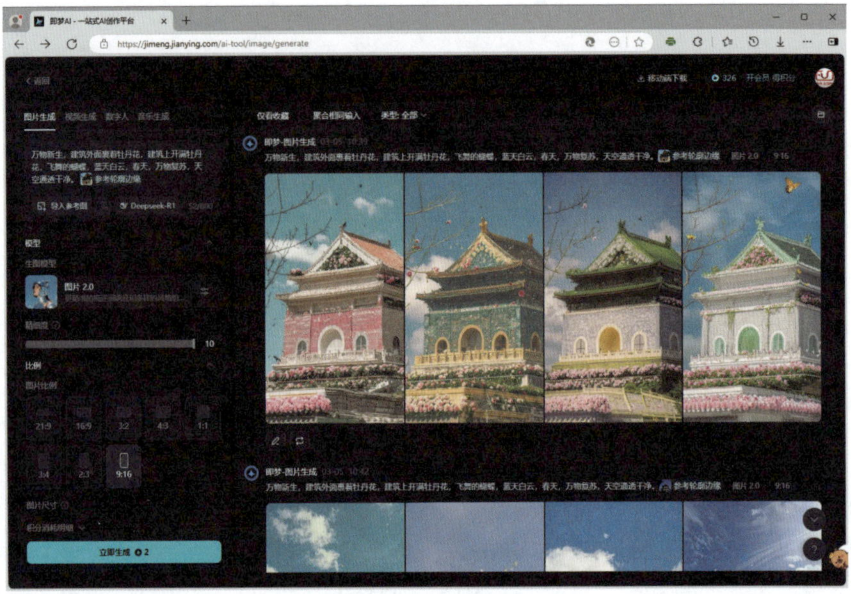

（4）将生成的图片中效果最好的图片保存到本地，打开可灵AI官网，进入可灵AI网站页面，登录后，单击页面左侧的“AI视频”选项，进入“图生视频”创作页面，在页面上方选择“可灵1.6”模型，在左侧单击“首尾帧”选项，单击⬆按钮，先上传地标建筑素材图片，单击“尾帧图”选项，单击⬆按钮，再上传地标建筑开花的图片，如下左图所示。

（5）在“图片创意描述”文本框中输入想要生成的视频效果，这里输入的描述为“建筑上长出来了鲜花，鲜花一朵朵长出来，万物复苏，生长的过程，延时摄影，画面主体动态呈现，动作自然流畅，淡蓝色天空白云，梦幻柔和清新的配色”。如下右图所示。

（6）在“参数设置”选项区域，设置“创意想象力”为0.6，设置“生成模式”为“高品质”，设置“生成时长”为“5s”，设置“生成数量”为“1条”，如下图所示。

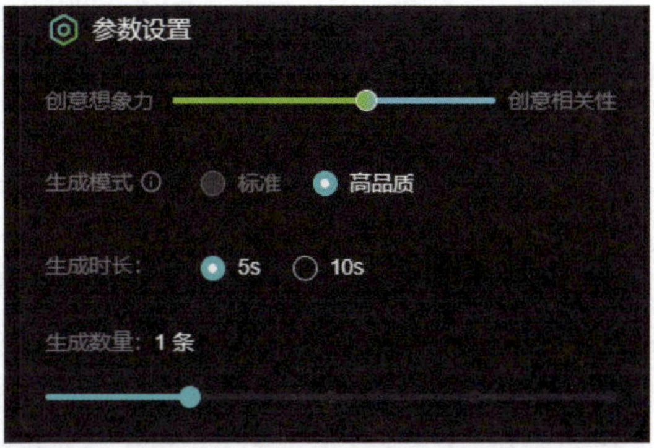

（7）单击“立即生成”按钮，便会在页面右侧显示生成的视频，这样单个地标建筑开花的视频就制作完成了。使用同样的方法制作剩余两个地标建筑开花的视频，如下图所示。

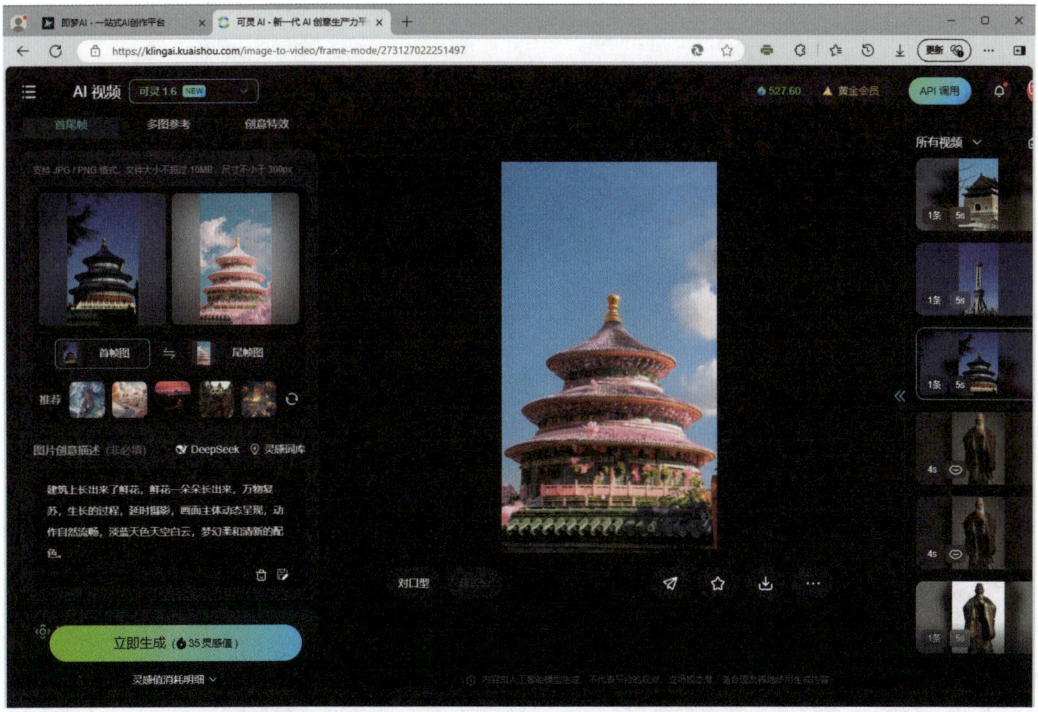

（8）将生成的3段视频保存到本地，打开剪映专业版软件，将保存到本地的3段视频导入，将3段视频排列在轨道上，如下图所示。

（9）将时间轴移动到第1段视频的第3秒，单击按钮将视频分割为两段，选中分割后开花的视频片段，在右侧选择“变速”选项卡，在“常规变速”选项中将“倍数”调整为“0.6x”，如下图所示，剩余两段视频按同样的方法操作。

（10）将时间轴移动到轨道中视频的最后一帧，单击按钮，将最后一帧定格为3秒的视频片段，在“音频”选项卡中选择一首合适的背景音乐添加到轨道中，在右侧的面板中将“淡出时长”设置为“0.8s”，如下图所示。

（11）单击右上方的按钮，将视频导出到本地，这样地标建筑开花视频就制作完成了。如果感觉视频太单调，也可以在最后的视频定格处，添加适当的文案及文字效果。

第 5 章　用 AI 体验零代码编程

了解 AI 时代的编程趋势

在AI时代，编程正发生着显著的变化，其中一个重要的趋势就是零代码编程的兴起。随着人工智能技术的不断发展，许多复杂的编程任务可以通过简单的操作来完成，这使得编程变得更加容易上手。零代码编程平台允许用户无须编写代码，通过直观的界面和拖拽等操作，就能构建出应用程序。这种趋势不仅降低了编程的门槛，让更多非专业人员也能参与软件开发，而且提高了开发效率，让程序员能够将更多的精力放在解决核心问题上。

对学生来说，了解零代码编程的意义在于，它提供了一种新的学习和创造方式。通过零代码平台，学生可以更容易地接触到编程的基本概念，培养逻辑思维和问题解决能力。同时，这也为学生未来的学习和职业发展打开了更多的可能性，让学生能够更早地适应技术快速发展的社会。

现在市场上有许多针对学生的编程课程，这些课程通常以传统编程教学为主，学生需要花费相当长时间去学习编程语言的语法、逻辑结构等知识，才能够编写出一个简单的程序，比如制作一个基础的小游戏或者简单的网页。在学习过程中，学生不仅要记忆大量的代码指令，还要不断调试以解决各种代码错误，整个过程既复杂又耗时。

但借助AI时代兴起的零代码编程，即使学生投入较少的时间和精力成本，也能够快速搭建出功能较为丰富的应用或项目。无须深入理解复杂的代码逻辑，通过零代码平台的可视化界面和便捷操作，就能将自己的创意变成现实。

但要注意的是，这并不意味着学生不需要学习编程的基础知识。零代码编程虽然降低了编程门槛，但基础的编程概念、逻辑思维依然是重要的，只不过要用新的方式和工具来学习编程。传统学习编程的方式注重代码细节和底层逻辑，而零代码编程更强调创意实现和快速迭代，将两者结合起来，这样学习效率会更高。

考虑到未来是每个人都需要大量使用AI进行工作的时代，现在就掌握零代码编程及相关的基础编程知识，有诸多好处。一方面，能让学生更早地适应科技发展的趋势，培养他们对技术的敏感度和创新能力；另一方面，提前掌握这些技能，会在未来的学习和职业选择中拥有更多的优势和机会，为未来的发展奠定坚实的基础。

编写猜数字趣味游戏

在传统的编程教学中，猜数字游戏常被用于逻辑训练，其原理是通过随机数生成目标数字，结合循环结构和条件判断实现用户输入与目标数字的比对逻辑，作用是帮助初学者掌握编程中的输入输出处理、流程控制和算法思维等核心概念。但其代码实现涉及随机数生成、循环判断等基础概念，对零基础的学生来说一定的门槛。通过AI

工具辅助，学生只需描述游戏规则和交互需求，即可自动生成基础代码结构，同时直观地理解程序运行原理。

（1）打开腾讯元宝官网，进入腾讯元宝的默认对话页面，在文本输入框中将大模型切换为DeepSeek，并开启“深度思考”模式。

（2）因为要编写一个猜数字游戏，并且根据学生的编程水平，需要确保DeepSeek不使用过于复杂的编程语言，以便学生能够理解每一段代码的含义。同时，还希望通过这个猜数字游戏来锻炼的运算能力。因此，输入文字指令“我是一名小学生，帮我编写一个由Python语言编程的猜数字游戏，如果猜错的话给出一个关于正确数字的四则运算提示，并使我理解编写的思路、流程，以及代码的含义”。如下图所示。

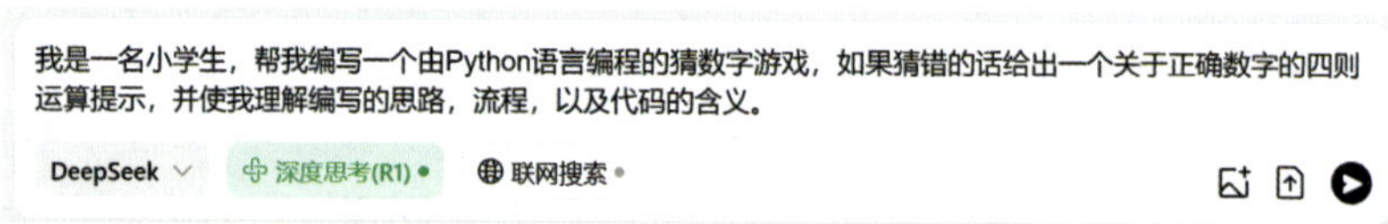

（3）单击▶按钮，DeepSeek 会根据输入的指令进行深度思考，并将思考的过程展示出来，部分思考内容如下图所示。这段思考内容首先分析了输入的指令，然后根据需求选择了指令中各部分需要用到的技术。接着DeepSeek 将各部分内容整合起来进行测试，检查整个代码流程是否存在漏洞，以及是否还有未满足的需求。在测试确认没有问题后，DeepSeek 会对代码进行精简和优化，以确保最终代码既高效又易于理解。

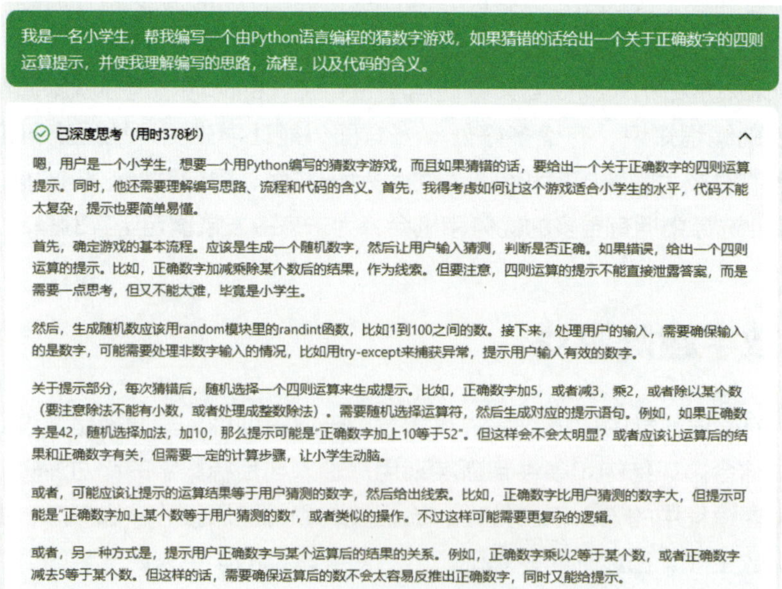

（4）在深度思考结束后，DeepSeek 会对思考内容进行整理，并根据输入的指令输出符合要求的猜数字游戏代码。同时，它会一步步解释代码的编写思路和具体含义，并详细说明游戏的操作方法。此外，DeepSeek 还会展示游戏运行的效果，帮助学生更好地理解代码的实际应用。回答的部分内容如下图所示。

好的，我来帮你编写这个猜数字游戏，并一步步解释思路和代码的含义。我们先来看完整的代码，然后分步骤解释。

完整代码

```
import random

def get_factors(num):
    factors = []
    for i in range(2, num):
        if num % i == 0:
            factors.append(i)
    return factors

correct_num = random.randint(1, 100)
print("欢迎来到猜数字游戏！秘密数字在1到100之间。")

while True:
    try:
        guess = int(input("请输入你猜的数字："))
    except:
        print("请输入一个有效的整数！")
        continue
```

（5）复制输出的猜数字游戏代码，回到桌面单击鼠标右键，在弹出的快捷菜单中选择“新建”→“文本文档”命令，新建“文本文档”文件。打开“文本文档”文件，粘贴复制的代码，使用快捷键Ctrl+S保存文档内容。关闭文档，再将文档改名为“猜数字游戏.py”，如下图所示。

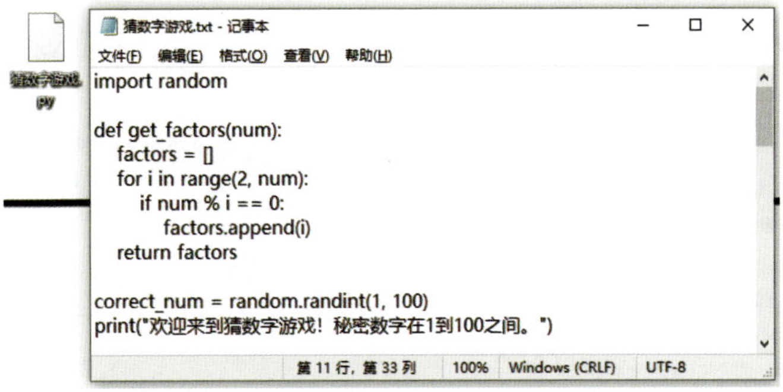

（6）使用快捷键“菜单键+R”打开“运行”窗口，在“打开”文本框中输入cmd，单击“确定”按钮，打开命令行窗口，回到桌面，按住Shift按键并使用鼠标右键单击“猜数字游戏.py”文件，在弹出的快捷菜单中选择“复制文件地址”命令，回到命令行窗口，输入运行代码并粘贴文件地址，输入的内容为“python "C:\Users\Administrator\Desktop\猜数字游戏.py"”，按Enter键，游戏便会在命令行中运行，如下图所示。

管理员: C:\Windows\system32\cmd.exe

```
Microsoft Windows [版本 10.0.19045.5487]
(c) Microsoft Corporation。保留所有权利。

C:\Users\Administrator>python "C:\Users\Administrator\Desktop\猜数字游戏.py"
欢迎来到猜数字游戏！秘密数字在1到100之间。
请输入你猜的数字：10
猜错了！提示：正确数字 / 3 = 11
请输入你猜的数字：33
太棒了，你猜对了！
```

（7）在体验完初期的猜数字游戏后，若感觉该游戏过于简单，并且在命令行中运行操作起来十分不方便，可以在该游戏代码的基础上进行优化。回到腾讯元宝网站之前的对话页面，继续输入文字指令“我想增加一个计分系统，比如每猜对1个数字加10分，计分达到100分后才结束游戏，同时我感觉运行界面太简单，我想要一个独立的运行界面”。DeepSeek会再次深度思考并输出优化后的代码，部分输出内容如下图所示。

我想增加一个计分系统，比如每猜对1个数字加10分，计分达到100分后才结束游戏，同时我感觉运行界面太简单，我想要一个独立的运行界面。

已深度思考（用时40秒）

好的！我们来升级游戏，增加计分系统和图形界面。这里会用Python的 tkinter 库制作窗口界面，并添加积分逻辑。以下是分步解释和代码：

最终效果

1. 弹出一个独立窗口，有输入框和按钮
2. 每次猜对得10分，累计到100分胜利
3. 错误时给出四则运算提示
4. 界面显示当前分数和提示历史

完整代码（复制后直接运行）

```
import random
import tkinter as tk
from tkinter import messagebox
```

（8）复制优化的代码，使用同样的方法运行程序。这次，猜数字游戏不再在命令行中运行，而是打开了一个独立的窗口，界面更加直观和友好。此外，根据要求，游戏中还添加了计分系统，进一步提升了游戏的难度和体验。运行效果如右图所示。

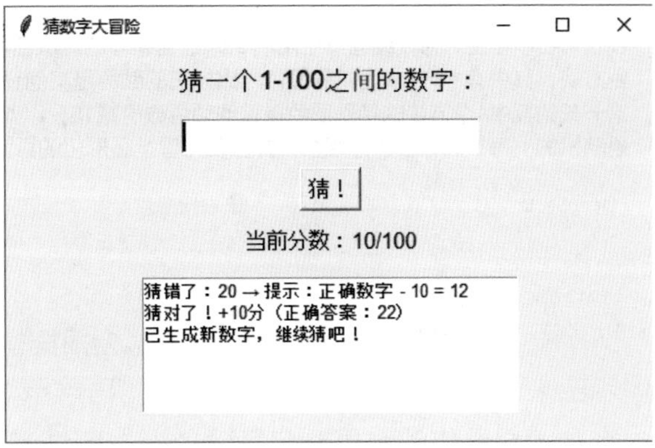

设计颜色视力测试创意小游戏

颜色视力测试游戏是一个有趣的、寓教于乐的游戏。游戏的规则是在众多色彩相近的色块中，找出颜色不同的那一个，或者将颜色相似的色块进行配对。玩家需要集中注意力，仔细辨别色彩之间的细微差异，在规定的时间内完成任务即可通关。玩家在享受游戏乐趣的同时，还能锻炼自己的色彩辨识能力。

颜色辨识类游戏通常涉及色彩生成、对比度调整和结果反馈等复杂的功能，但AI工具能快速将抽象的设计需求转化为可视化界面。学生无须纠结代码语法，只需描述游戏规则（如“找出不同色块”或“匹配相似颜色”），AI便会协助生成交互式程序。这类项目既能帮助学生理解色彩原理，提升观察力，又能在设计过程中激发创造力。

（1）打开腾讯元宝官网，进入腾讯元宝的默认对话页面，在文本输入框中将大模型切换为DeepSeek，并开启“深度思考”模式。

（2）因为要编写一个颜色视力测试的游戏，并且根据学生的编程水平，需要确保使用不太复杂的编程语言，以便学生能够理解每一段代码的含义。同时，我们还希望游戏有多个关卡，并且关卡的难度会逐渐增加。为了方便操作，希望游戏有图形化的界面。因此，输入文字指令“我是一名小学生，帮我编写一个用Python语言编写的测颜色视力的游戏。游戏内容大致为：第一关给出8个颜色方块，其中有1个方块为特殊颜色，比如它的颜色是其他颜色数值减20；第二关升级为16个颜色选1个，并且这一关其中1个方块的特殊颜色是其他颜色数值减15，以此类推。一共5关，每关的颜色及方块的位置都是随机的，每关的难度逐渐增加，并且我希望是图形化的界面”。如下图所示。

我是一名小学生，帮我编写一个用Python语言编写的测颜色视力的游戏。游戏内容大致为：第一关给出8个颜色方块，其中有1个方块为特殊颜色，比如它的颜色是其他颜色数值减20；第二关升级为16个颜色选1个，并且这一关的其中1个方块的特殊颜色是其他颜色数值减15，以此类推。一共 5 关，每关的颜色以及方块的位置都是随机的，每关的难度逐渐增加，并且我希望是图形化的界面。

DeepSeek　深度思考(R1)　联网搜索

（3）单击按钮，DeepSeek 会根据输入的指令进行深度思考，并将思考过程展示出来。由于思考过程较长，这里不再展示。思考结束后，DeepSeek 将整理思考内容并输出最终的结果，包括颜色视力测试游戏的代码，以及游戏运行的效果展示，如下图所示。

下面是一个适合小学生学习的Python颜色视力游戏，使用Tkinter图形库实现。游戏会根据关卡提升难度，颜色差异逐渐变小，方块数量逐渐增多：

```
import tkinter as tk
from tkinter import messagebox
import random

class ColorVisionGame:
    def __init__(self, root):
        self.root = root
        self.root.title("颜色视力大挑战")
        self.current_level = 0
        self.levels = [
            {"blocks": 8, "delta": 20},
            {"blocks": 16, "delta": 15},
            {"blocks": 24, "delta": 10},
            {"blocks": 32, "delta": 5},
            {"blocks": 40, "delta": 3}
        ]
        self.setup_ui()
        self.create_blocks()

    def setup_ui(self):
        self.level_label = tk.Label(self.root, text="", font=("Arial", 14))
        self.level_label.pack(pady=10)
```

（4）采用“独立编写猜数字趣味游戏”案例中介绍的程序运行方法来启动游戏，颜色视力测试游戏将在独立的窗口中运行。单击“开始游戏”按钮，即可进入游戏，如下图所示。

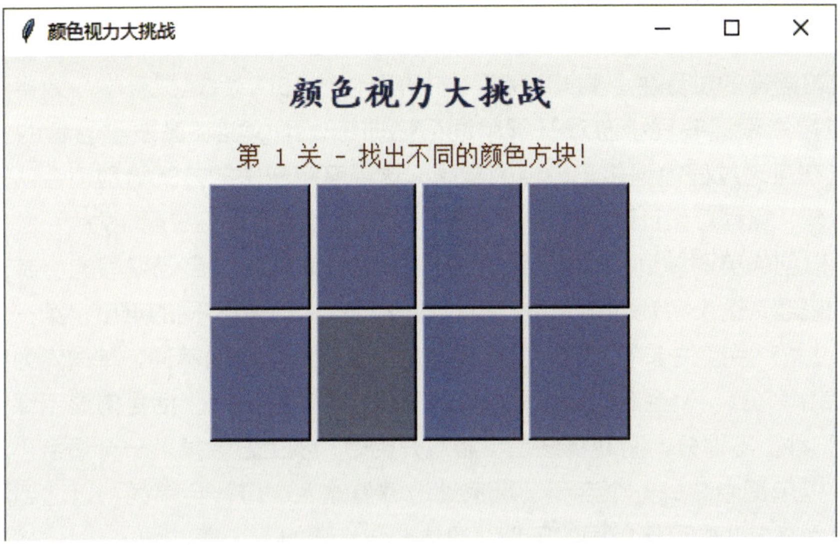

（5）成功运行游戏后，若对游戏难度不满意，由于拥有代码，可以自行调整游戏难度，以及修改游戏名称、标题字体和字号等可见内容。修改方法相对简单，只需将.py文件改回.txt文件并打开。由于DeepSeek在编写代码时已标注了每段代码的作用，因此只需找到相应位置进行修改即可，如下左图所示。

（6）这里将第一关的方块数量从8个增加到了12个，并将游戏名称更改为“颜色视力大冒险”，同时将名称的字号大小从18调整为20。保存.txt文件后，将其改回.py文件并再次运行程序，如下右图所示，可以看到在代码中改变的内容在程序中也发生了变化。

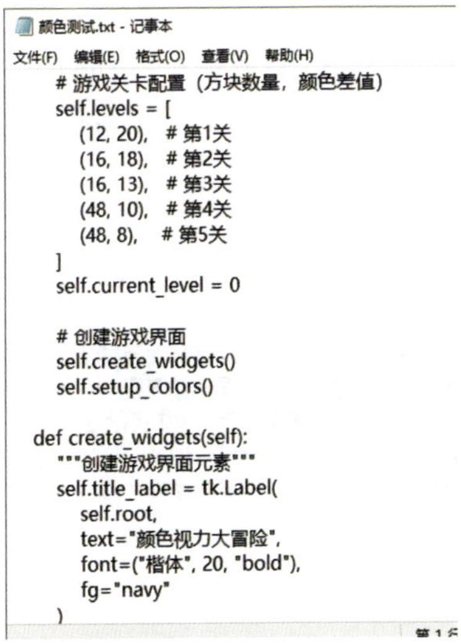


```
        # 游戏关卡配置（方块数量，颜色差值）
        self.levels = [
            (12, 20),  # 第1关
            (16, 18),  # 第2关
            (16, 13),  # 第3关
            (48, 10),  # 第4关
            (48, 8),   # 第5关
        ]
        self.current_level = 0

        # 创建游戏界面
        self.create_widgets()
        self.setup_colors()

    def create_widgets(self):
        """创建游戏界面元素"""
        self.title_label = tk.Label(
            self.root,
            text="颜色视力大冒险",
            font=("楷体", 20, "bold"),
            fg="navy"
        )
```

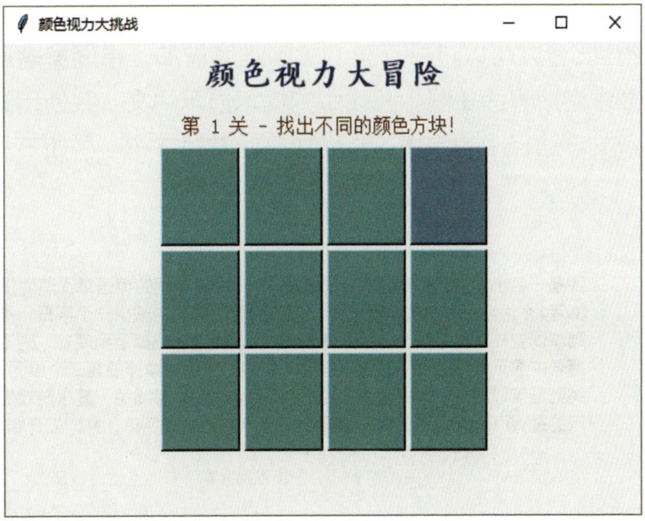

打造单词消消乐游戏

在学习语言的过程中，将知识获取与娱乐体验有机结合是提升学习效果的有效途径。通过自主设计编程小游戏开展单词记忆训练，不仅能够激发学习者的主观能动性，还能在互动过程中强化知识点的掌握。这种寓教于乐的方式特别适合认知发展阶段的青少年，其程序设计过程本身亦能培养逻辑思维与计算机应用能力。

下面以创作英语单词消消乐游戏为例，来讲解如何通过自己编写的小游戏提高记忆单词的乐趣，这个游戏的规则是：游戏共设5关，每关有不同的难度，第一关需获得5分才能过关，后续关卡单词掉落速度逐渐加快。补全正确的单词，单词变为绿色停留3秒，玩家得1分；补全错误或单词掉落到底部，单词呈红色，括号内显示绿色正确单词，停留3秒，不得分。游戏玩法是：游戏开始后，从上方会掉落一个适合小学生的英语单词，但单词中缺少一个字母。玩家通过键盘输入字母补全单词，以达到消消乐的效果，享受在游戏中记忆单词的乐趣。具体操作步骤如下。

（1）打开腾讯元宝官网，进入腾讯元宝的默认对话页面，在文本输入框中将大模型切换为DeepSeek，并开启“深度思考”模式。

（2）因为要编写一个猜数字游戏，并且根据学生的编程水平，需要确保DeepSeek不使用过于复杂的编程语言，以便学生能够理解每一段代码的含义。同时，还要将游戏的大体形式告诉DeepSeek。为了便于操作游戏，将游戏界面的要求及文字提示要求尽可能地都告诉DeepSeek。

输入文字指令“我是一名小学生，帮我编写一个由Python语言编程的英语单词消消乐游戏，我希望的游戏形式是从上方往下掉落1个适合小学生的英语单词，但是掉落的单词中缺少一个字母，需要我来通过键盘补全单词，如果正确，则单词变成绿色停留3秒钟并得到1分，如果错误或掉落到底部，则不能补全单词，单词呈红色，并在后面的括号中显示绿色的正确单词，停留3秒钟，然后继续掉落第二个单词，第一关要求得到5分才可以过关，第二关则难度增加，单词掉落速度变快，以此类推，一共5关，要求游戏界面美观，游戏中的提示显示中文，我使用的是Windows系统，最好使用系统文字路径中的字体，并增加开始游戏按钮。”如下图所示。

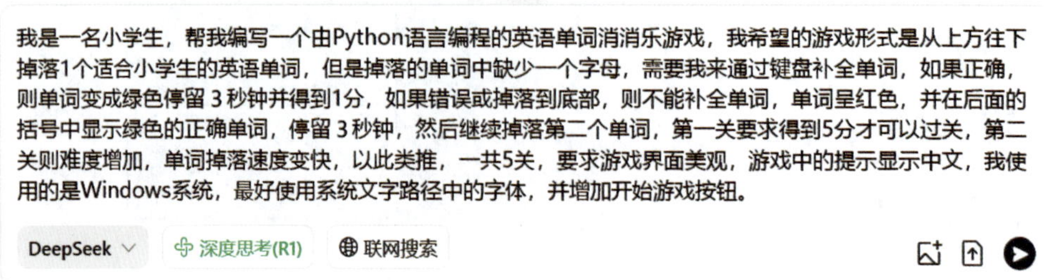

（3）单击▶按钮，DeepSeek 会根据输入的指令进行深度思考，它会先分析指令中的要求，根据分析出的结果总结处理的步骤，再根据总结的步骤写出相应的代码，最后它会根据代码进行测试，找漏洞再做修改，部分深度思考内容如下图所示。

我是一名小学生，帮我编写一个由Python语言编程的英语单词消消乐游戏，我希望的游戏形式是从上方往下掉落1个适合小学生的英语单词，但是掉落的单词中缺少一个字母，需要我来通过键盘补全单词，如果正确，则单词变成绿色停留三秒钟并得到1分，如果错误或掉落到底部，则不能补全单词，单词呈红色，并在后面的括号中显示绿色的正确单词，停留三秒钟，然后继续掉落第二个单词，第一关要求得到5分才可以过关，第二关则难度增加，单词掉落速度变快，以此类推，一共5关，要求游戏界面美观，游戏中的提示显示中文，我使用的是Windows系统，最好使用系统文字路径中的字体，并增加开始游戏按钮。

已深度思考（用时63秒）^

好的，我需要帮一个小学生用Python编写一个英语单词消消乐游戏。首先，我得仔细理解他的需求。游戏的形式是从上方掉落一个适合小学生的英语单词，但单词中缺少一个字母，玩家需要通过键盘输入来补全。正确的话，单词变绿，停留三秒并得分；错误或掉到底部则变红，显示正确单词，同样停留三秒。然后继续下一个单词。第一关需要5分才能过关，之后每关难度增加，比如掉落速度变快，共五关。界面要美观，提示用中文，使用Windows系统字体，还要有开始按钮。

首先，我需要确定使用的Python库。pygame适合游戏开发，处理图形和用户输入比较方便。然后考虑游戏的结构：开始界面、游戏循环、关卡管理、单词处理、得分和速度控制等。

接下来是单词的选择。需要找适合小学生的英语单词，可能从简单的词汇表中随机选取，比如动物、颜色、数字等。每个单词随机去掉一个字母，但需要确保去掉的位置合理，比如不是首字母或尾字母，或者随机位置。

单词掉落的部分，可以用pygame的sprite来处理，每个单词作为一个精灵，控制其下落速度。随着关卡提升，速度加快。速度可以通过改变下落步长来实现，比如每关增加一定的速度值。

（4）深度思考结束后，DeepSeek 将整理思考内容并输出最终的结果，现将按照要求生成的代码输出，同时还输出了游戏特点说明及操作说明，部分输出内容如下图所示。

以下是一个基于Python和Pygame实现的英语单词消消乐游戏，根据您的需求进行了完整实现：

```python
import pygame
import random
import time
from pygame.locals import *

# 游戏配置
WIDTH, HEIGHT = 800, 600
FPS = 60
BACKGROUND_COLOR = (135, 206, 235)  # 天蓝色背景
WHITE = (255, 255, 255)
RED = (255, 0, 0)
GREEN = (0, 255, 0)
BLACK = (0, 0, 0)
WORD_SPEED = 1  # 初始下落速度
FONT_NAME = "SimHei"  # Windows系统黑体

# 小学生英语单词库（可自行扩展）
WORD_LIST = [
    "apple", "ball", "cat", "dog", "egg",
    "fish", "girl", "hat", "ice", "jump",
    "kite", "lion", "milk", "nest", "orange",
    "pig", "queen", "red", "sun", "tree"
```

（5）复制输出的英语单词消消乐游戏代码，回到桌面单击鼠标右键，在弹出的快捷菜单中选择“新建”→“文本文档”命令，新建“文本文档”文件，打开“文本文档”文件，粘贴复制的代码，使用快捷键Ctrl+S保存文档内容，如下图所示。关闭文档，再将文档改名为“英语单词消消乐.py”。

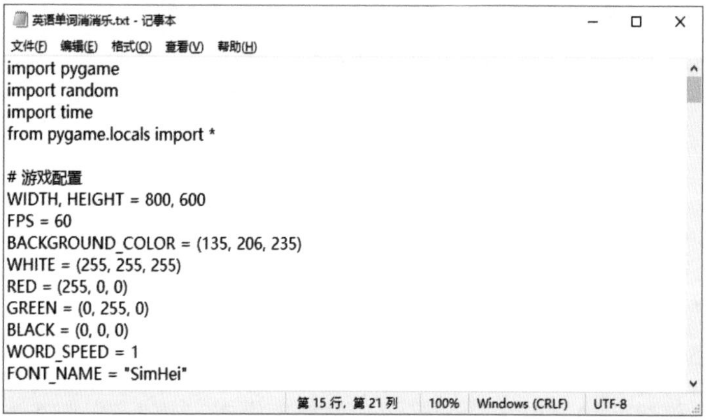

（6）在第一次运行程序时，系统提示未安装“pygame库”，所以需要提前安装。使用快捷键“菜单键+R”打开“运行”窗口，在“打开”文本框中输入cmd，单击“确定”按钮，打开命令行窗口，输入命令“pip install pygame”，按Enter键，没有安装该库的系统便会自动下载安装包并进行安装。这里已经安装过了，所以显示已满足要求，如下图所示。

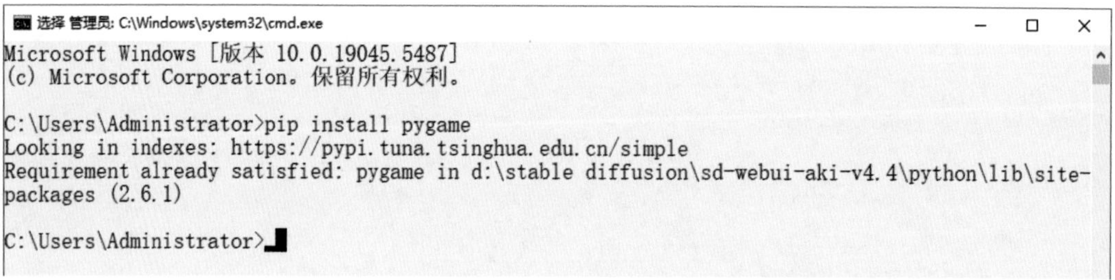

（7）等待安装完成后，回到桌面，按住Shift按键并使用鼠标右键单击“英语单词消消乐.py”文件，在弹出的快捷菜单中选择“复制文件地址”命令，回到命令行窗口，输入运行代码并粘贴文件地址，输入的内容为“python "C:\Users\Administrator\Desktop\英语单词消消乐.py”，按Enter键，游戏便会在独立的窗口中运行，如下图所示。

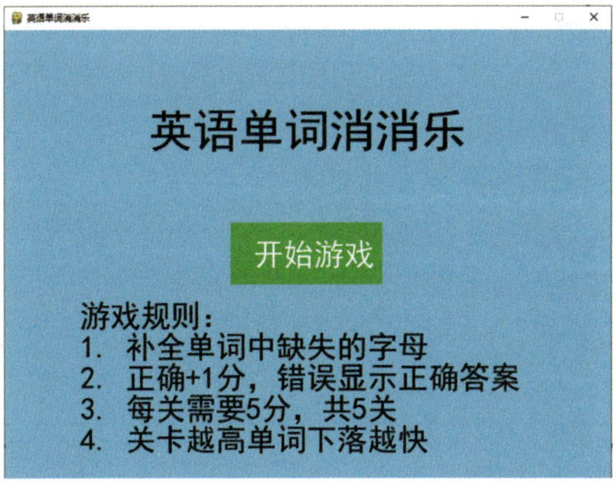

（8）经过测试，虽然游戏可以正常运行，但是出现了一些不符合要求的问题，比如在显示正确单词时与原来的单词离得比较近，容易产生重叠影像，并且在单词到达最下方时，没有显示正确答案等。回到腾讯元宝的对话页面，在对话框中进行两次指令提问，如下图所示。

> 游戏没有问题，就是显示正确和错误的完整单词时，距离有些近，字母有重叠的部分，请修改代码，并显示最终代码

> 在单词到达最下方时，并没有显示正确答案，我需要修改代码，在单词到达最下方时在单词的上方显示正确的单词。另外，还需要在切换关卡时显示提示，请根据要求修改代码，并显示最终代码

（9）在对代码进行两次修改后，英语单词消消乐游戏程序基本已经符合最开始提出的要求，游戏截图如下图所示。但是还存在一些细节上的问题，比如错误单词的正确答案并没有显示为绿色，正确的答案显示两次等，这些问题依然可以通过提问让DeepSeek进行修改。

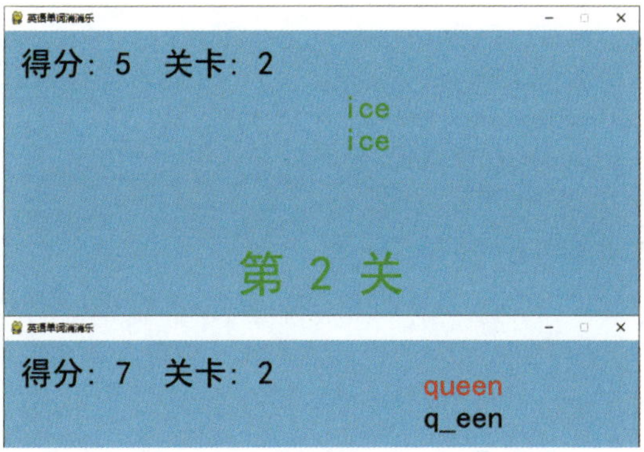

（10）需要注意的是，在DeepSeek输出代码的时候，在代码中表明了可自行扩展英语单词库。也就是说，目前代码里的英语单词库是固定的，不过如果学习了其他的英语单词，可以在代码中更新单词库，具体的方法就是将“英语单词消消乐.py”文件名称改回“英语单词消消乐.txt”。打开文本文档文件，找到WORD_LIST，在列表中按照格式添加单词即可。如下图所示，添加了“hello”“morning”“evening”3个单词，将文档保存，使用同样的方法再次运行英语单词消消乐游戏，即可在游戏中挑战新的单词。

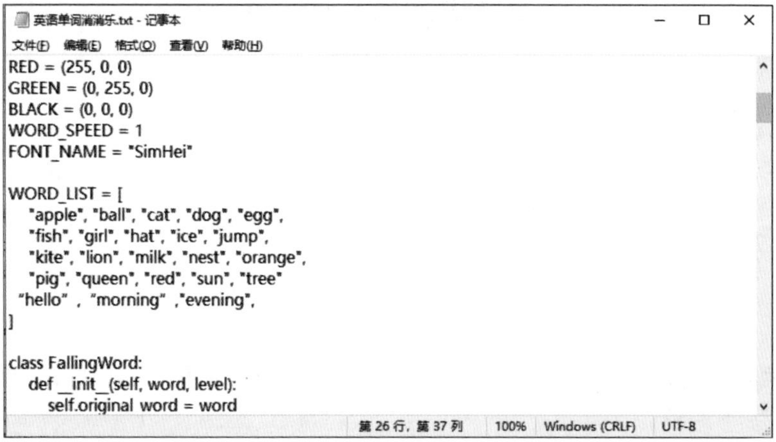


```
RED = (255, 0, 0)
GREEN = (0, 255, 0)
BLACK = (0, 0, 0)
WORD_SPEED = 1
FONT_NAME = "SimHei"

WORD_LIST = [
    "apple", "ball", "cat", "dog", "egg",
    "fish", "girl", "hat", "ice", "jump",
    "kite", "lion", "milk", "nest", "orange",
    "pig", "queen", "red", "sun", "tree"
  “hello” ，“morning” ,"evening",
]

class FallingWord:
    def __init__(self, word, level):
        self.original_word = word
```

第 6 章　用 AI 进行个性化创作

打造专属学习文具

虽然本节的标题是设计文具，但实际上是希望中小学生可以凭借 AI 的能力，通过放飞自己的想象力，打破传统设计的壁垒，设计出可能需要经过数年专业训练才能够设计出来的产品。在科技飞速发展的当下，AI 已经成为一种强大且易于获取的工具，它能够为创意的实现提供有力支持，让中小学生的奇思妙想不再仅仅停留在脑海中。

而这一步就可以从设计产品的外观开始。例如，设计“充满童趣的多功能笔”，大家可以先发挥自己天马行空的想象力，思考这款文具应该具备怎样独特的造型和色彩搭配，是否可以将笔身设计成卡通形象，或者让它拥有梦幻般的色彩。再借助 AI 工具将脑海中的创意转化为初步的设计草图，利用 AI 的绘图功能和算法，快速呈现出不同的设计方案。最后看看本书讲解的步骤，学习如何进一步完善设计，包括细节处理、功能优化等。也许下一个能够畅销全国的产品就是由你设计出来的。

另外，虽然这里给出的示例是文具，但同样适用于其他类型产品的设计。无论是玩具、生活用品还是电子产品，只要有创意和想法，都可以借助 AI 的力量，将其变为现实。希望大家能积极尝试，开启属于自己的设计之旅。

接下来通过即梦AI设计一款酷炫风格的笔盒，具体步骤如下。

（1）打开即梦AI，单击首页“AI作图”中的“图片生成”按钮，进入图片生成界面。

（2）在左侧的文本框中输入“一个具有未来科技感的多功能笔盒，外观采用流线型设计，主体为透明塑料材质，内部结构精致，包含多个隔层和收纳空间，可以放置各种文具。铅笔盒表面闪烁着蓝色和紫色的霓虹灯光，周围环绕着一些文具，如铅笔、橡皮擦等。整体画面采用冷色调，营造出神秘而酷炫的氛围，采用斜视角构图，展现出铅笔盒的立体感和细节，风格参考科幻电影和现代艺术设计”作为文本提示词，如下左图所示。

（3）选择“生图模型”为“图片2.0Pro”，设置“精细度”为“5”，如下右图所示。

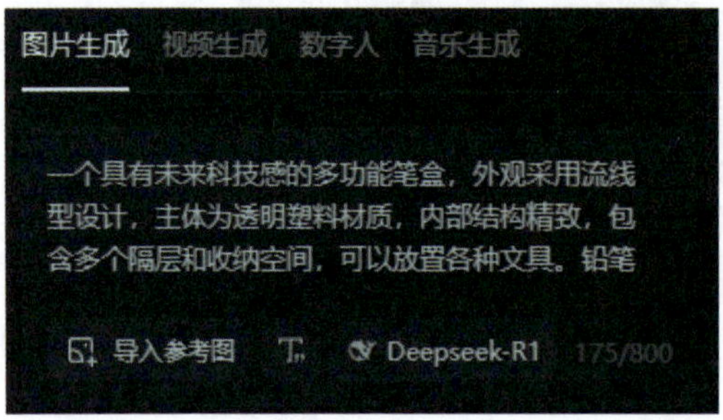

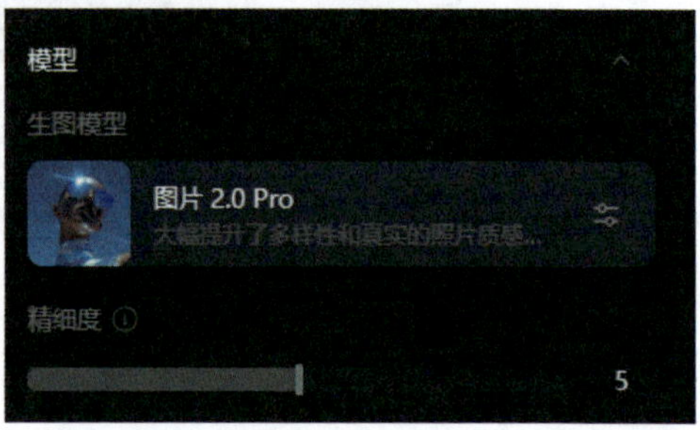

（4）将图片比例设置为“3：2”，如下左图所示。

（5）单击下方的“立即生成”按钮，即可生成笔盒效果图，生成的图片如下右图所示。

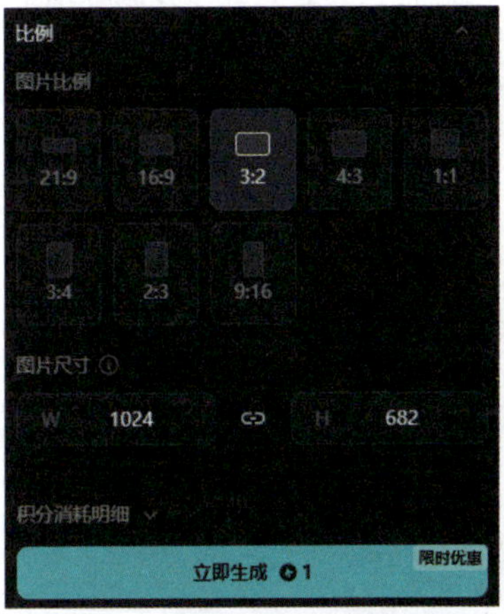

（6）接下来进一步优化生成的图片。在生成的图片中，靠近笔盒的铅笔和橡皮连在了一块儿，不太符合现实，因此要对其进行消除，如下左图中红色箭头所指区域。单击图片下方的“消除笔”按钮，如下右图所示，进入消除编辑界面。

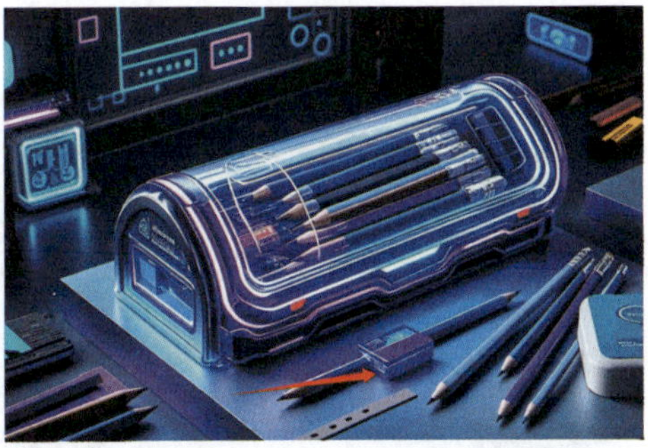

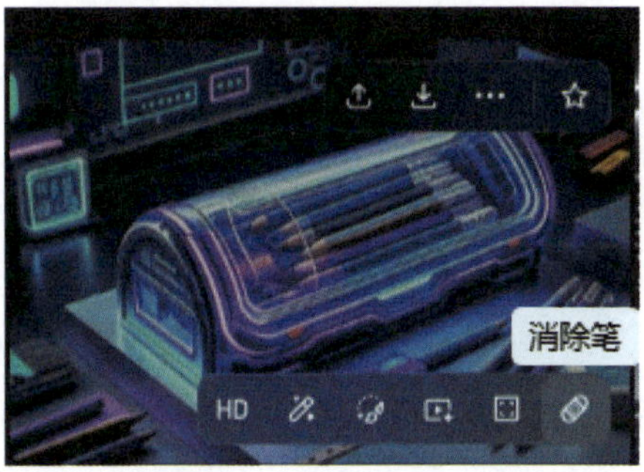

（7）用画笔涂抹该区域，如下左图所示。

（8）单击图片右下方的“立即生成”按钮，即可生成新图片，如下右图所示。

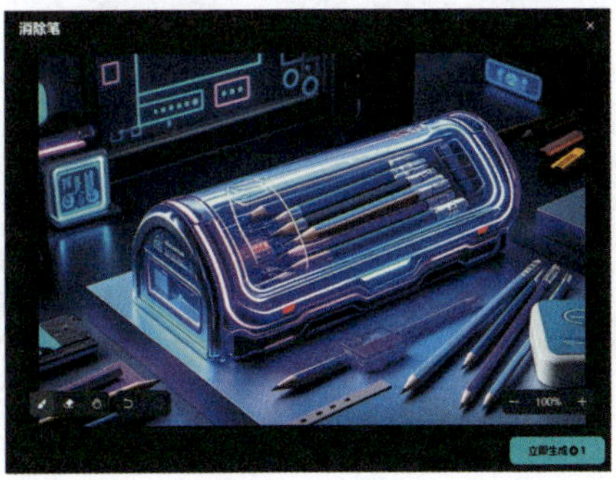

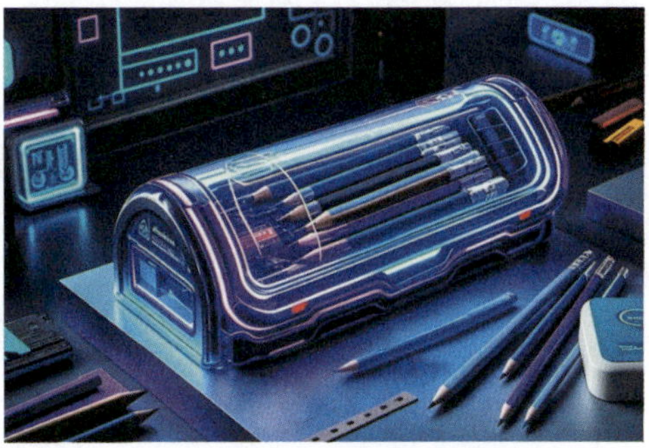

（9）在生成的图片中，铅笔部分还有一点瑕疵，单击下方的“细节修复”按钮，对其进一步优化，细节修复后的图片如下图所示。

除了生成笔盒，还可以生成其他文具，操作步骤与上面类似。打开可灵AI，输入“生成一个创意本子，主题是自然风光，风格是水彩画。封面是一幅广阔的森林景象，有高大的树木、五颜六色的花朵和飞翔的小鸟，色彩鲜艳，富有层次感。内页每一页都有不同的自然元素，如树叶、蝴蝶、溪流、山峰等，用细腻的水彩笔触绘制，画面丰富且充满生机。本子尺寸为A5，纸张材质为高质量的水彩纸，适合绘画和书写”作为提示词，生成的画面如右图所示。

创作独特社团 LOGO

社团LOGO是社团的重要标志，能够体现社团的宗旨、文化和特色，增强社团成员的归属感和凝聚力。一个社团LOGO需要具备简洁、易识别和富有创意等特点。学生在设计社团LOGO时，可能会面临创意不足、设计技巧有限等问题。AI可以提供大量的设计灵感和模板，帮助学生快速确定设计方向，同时还能对颜色搭配、图形组合等进行智能优化，使设计出的社团LOGO更加专业和吸引人。

接下来通过即梦AI来设计一个戏剧社团的LOGO，具体操作步骤如下。

（1）打开即梦AI，单击首页“AI作图”中的“图片生成”按钮，进入图片生成界面。

（2）在左侧的文本框中输入“设计一个传统风格的脸谱 LOGO，以京剧脸谱为主体，颜色为红色、黑色、白色等经典脸谱颜色。脸谱的图案复杂精美，具有浓厚的中国传统文化气息。LOGO 的形状为圆形，边框为金色，整体设计充满传统韵味。”作为提示词，如下左图所示。

（3）选择“生图模型”为“图片 2.1”，设置“精细度”为“5”，如下右图所示。

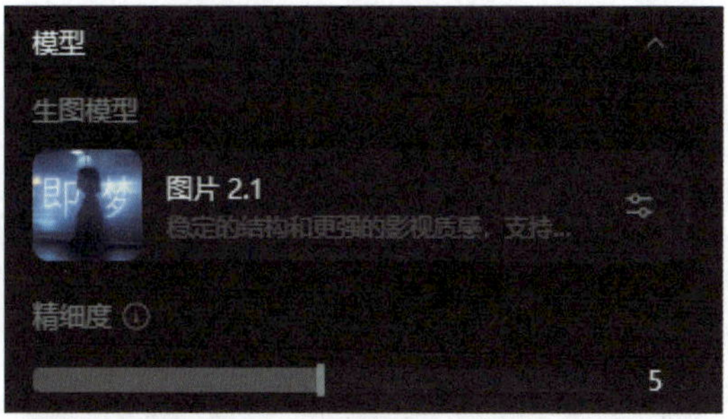

（4）将“图片比例”设置为“1：1”，如下左图所示。

（5）单击下方的“立即生成”按钮，即可生成效果图，生成的图片如下右图所示。

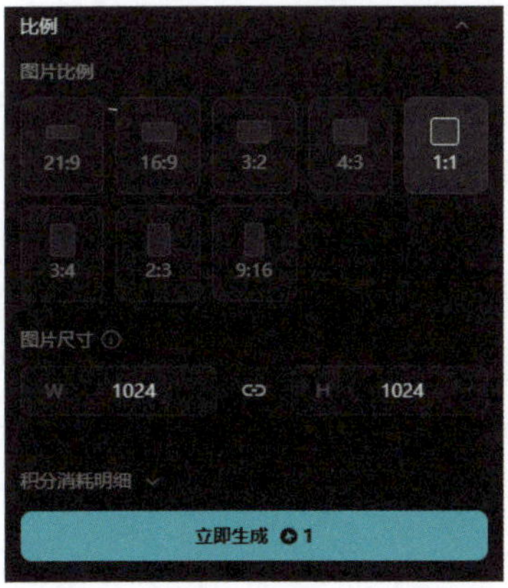

除了生成京剧社团的LOGO，还可以生成其他社团的LOGO，操作步骤和上面类似。

篮球社团LOGO设计提示词：请设计一个充满动态感的篮球社团圆形徽章LOGO，主体采用火焰与篮球融合的抽象造型，篮球表面呈红黄渐变星云纹理并带有发光效果，右侧融入闪电状篮网元素（蓝紫色半透明材质），背景叠加深蓝色星空渐变和霓虹光晕。画面底部延伸出篮球场弧线光轨，顶部环绕立体金属字DRAGON HOOPS，底部标注EST.2025并包裹橄榄枝图案。要求呈现篮球高速旋转时带出的星芒拖尾，加入飞溅的液态金属颗粒细节，采用3D渲染与矢量风格结合，整体构图保持对称性，同时通过光影对比营造空间层次，边缘呈复古做旧效果并添加细微的网格浮雕纹理，确保在不同尺寸下都能清晰呈现核心元素。

生成的效果如下图所示。

围棋社团LOGO设计提示词：请设计一个融合围棋文化与现代美学的个性化社团标志，主体采用圆形徽章结构，中心以3D立体黑白围棋棋子构成太极图案，棋子表面覆盖流动的金色纹路，象征智慧。背景融入水墨风格的中国山水轮廓，顶部环绕一条青龙盘旋守护棋盘，龙身点缀星辰光点。左侧加入飘落的樱花与竹叶增加动态感。用书法字体呈现“围棋社”中文名称及“GO CLUB”英文字样，字体边缘添加金色描边和微弱投影。整体色调以黑白为主，搭配青金渐变提升层次，加入粒子光效和丝绸质感背景，风格介于神秘东方哲学与未来科技感之间，确保复杂的元素有序分布且主体突出，最终生成4K超清矢量图格式。

生成的效果如下图所示。

从概念到实物设计制作手办

相信很多学生的床头或桌子上都摆放着至少一个手办，这类玩具之所以深受大家喜爱，是因为它们不仅承载着人们对动漫、游戏角色的情感寄托，更能展现独特的艺术美感和个性化表达。以前这类玩具都是从商店购买或朋友赠送的，但其实自己也是可以设计制作一个手办的。

下面是基本的流程。首先可以通过AI设计软件构思心目中的角色形象，然后用AI建模工具将平面设计转化为立体模型，再将模型发给网上的3D打印店铺进行实体制作，收到打印好的模型后经过精细打磨，最后给模型上色，就能拥有一个完全属于你自己的独特手办作品。

相信这样的手办一定比商店购买的更有意义，因为它不仅融入了你的创意和心血，更能通过制作过程让你感受到传统工艺与现代科技结合的魅力。

接下来使用即梦AI制作手办玩具，具体操作步骤如下。

（1）打开即梦AI，单击首页“AI作图”中的“图片生成”按钮，进入图片生成界面。

（2）在左侧的文本框中输入“设计一个创意手办，类型为创意摆件，主题为星际冒险。风格融合未来感、科技感和可爱元素，整体造型独特且富有想象力。元素包括：一个头戴虚拟现实头盔、身着太空服的小机器人，它正驾驶着一艘造型独特的星际飞船，飞船上有各种有趣的科技装置和外星生物图案；旁边还有一些漂浮的星球、流星和色彩斑斓的星云。材料为塑料，结构设计合理，可站立且部分关节可活动，方便展示和把玩。在细节方面，色彩搭配鲜艳，如蓝色、紫色和银色的渐变，表面有细腻的纹理和光泽，增加质感和视觉效果。手办底部有一个小型的发光装置，可以模拟星空效果；还可以设计一些可更换的配件，如不同的武器、工具或外星宠物，增加可玩性和收藏价值”作为提示词，如下页左上图所示。

（3）选择“生图模型”为“图片2.0 Pro”，设置“精细度”为“5”，如下右图所示。

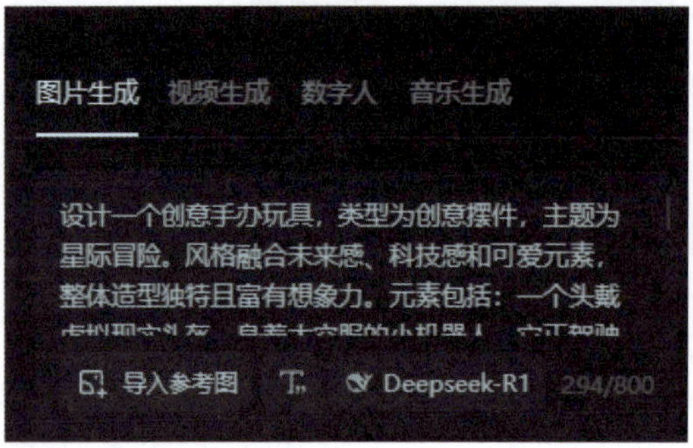

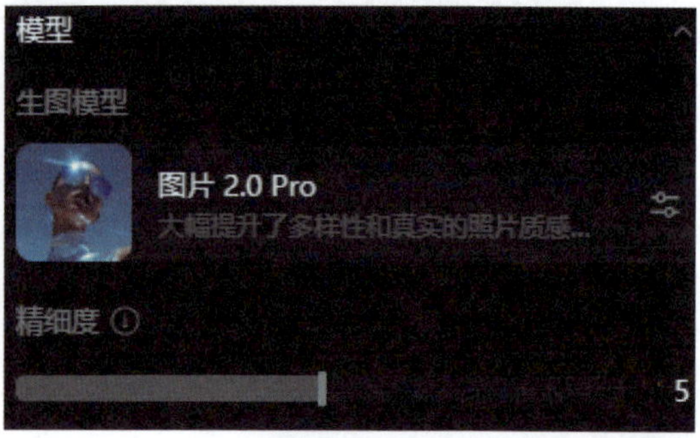

（4）将“图片比例”设置为“3：4”，如右图所示。

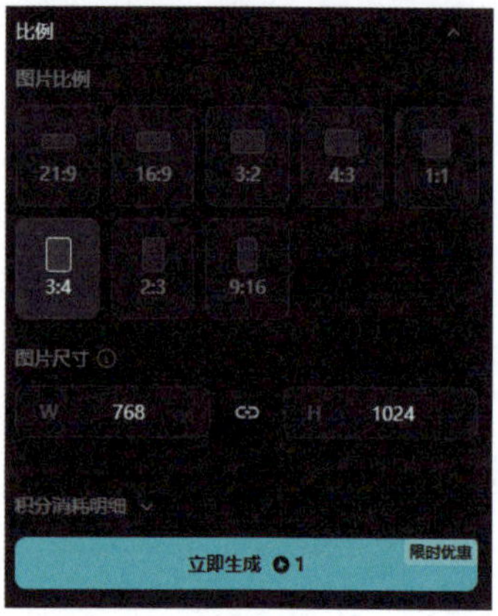

（5）单击下方的“立即生成”按钮，即可生成效果图，生成的图片如下图所示。

（6）接下来用AI进行3D建模。考虑到需要3D打印，上传的照片背景最好是纯色的。所以，需要修改AI生成的手办的背景图。这里选择第1张图片进行建模打印，单击这张图片，进入下图所示的界面。

（7）单击右侧的“去画布进行编辑”按钮，进入下图所示的界面。

（8）单击图片上方的“抠图”按钮，对手办图片进行抠图，用画笔涂抹手办区域，如下页左上图所示。

（9）单击图片下方的“抠图”按钮，即可完成抠图，效果如下页右上图所示。

（10）单击图片下方的“完成编辑”按钮后，返回编辑界面，如下左图所示。

（11）单击右上方的“导出”按钮，将图片导出到本地，如下右图所示。

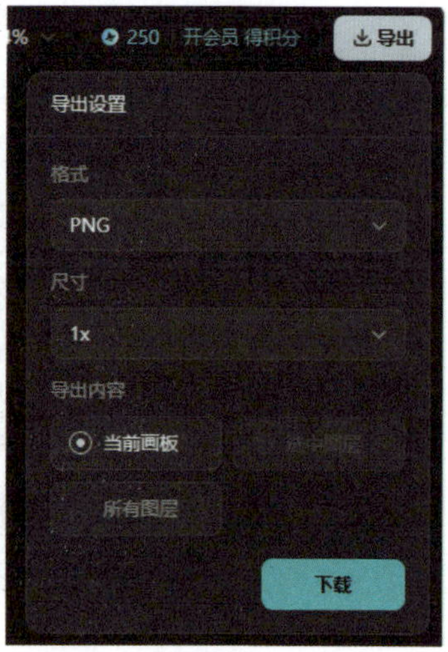

（12）导出的图片如下页左上图所示，接下来进入腾讯混元3D建模AI官方平台，注册并登录后进入下页右上图所示的界面。

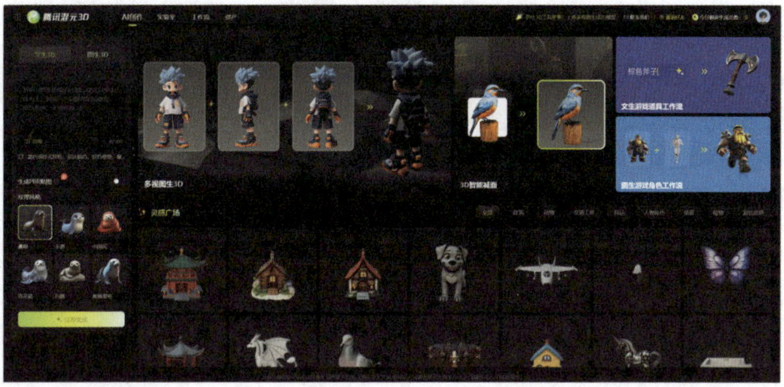

（13）单击左侧菜单栏中的“图生3D”按钮，界面如下左图所示。

（14）单击“上传图片”按钮，上传手办图片，开启“生成PBR贴图”，如下右图所示。

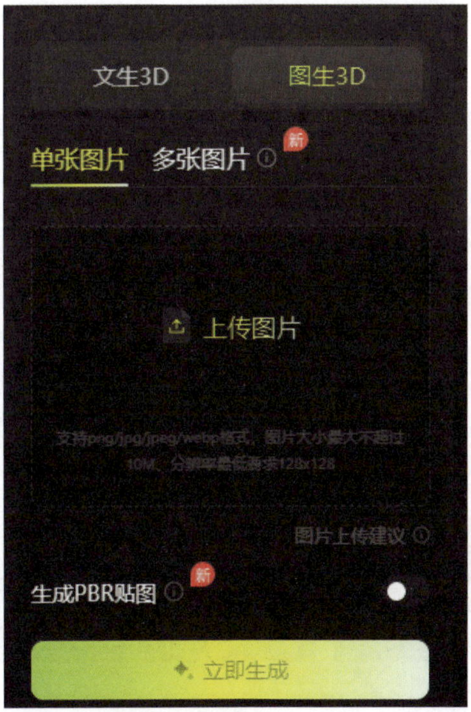

（15）单击下方的“立即生成”按钮，即可生成3D建模效果图，如下页上图所示。

（16）单击右侧的“骨骼绑定”按钮，进一步优化3D建模。除此之外，还可以调整几何风格和渲染打光模式。生成的不同角度手办的3D建模效果如下图所示。

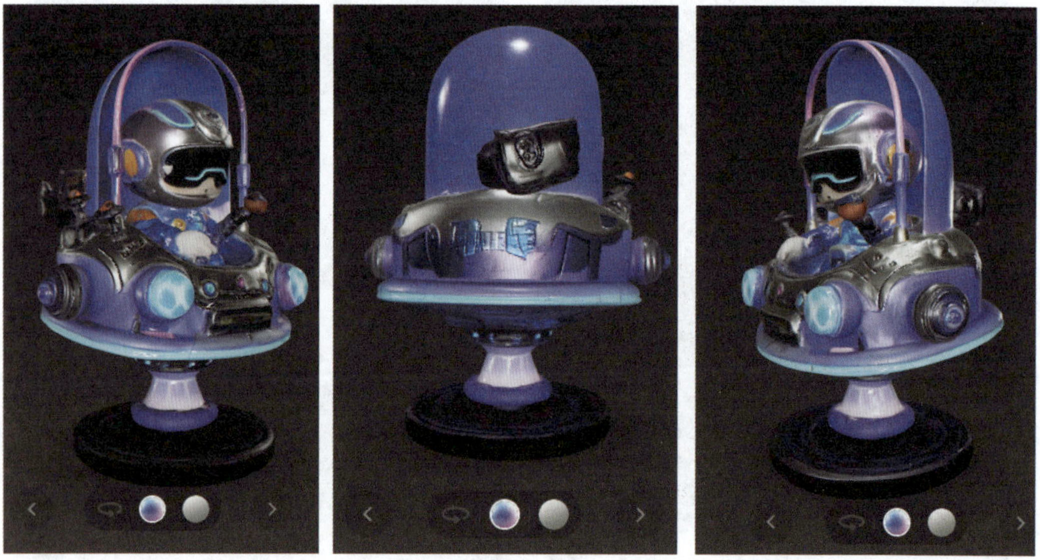

（17）单击右下方的“下载”按钮，即可将3D模型下载到本地，在淘宝中找3D打印店铺即可制作属于自己的个性化手办玩具。

一键生成多风格吉祥对联

每当春节临近，家家户户都会开始准备贴春联。作为传承千年的文化符号，春联不仅承载着辞旧迎新的美好寓意，更是展现汉字韵律美的重要载体。对于青少年来说，创作一副对仗工整、寓意吉祥的春联常常会遇到词汇储备不足或平仄搭配的难题。借助AI工具，可以在保留传统对联格式的基础上，通过输入生肖、祝福语等关键词，快速生成符合节日氛围的联句，更深入地参与春节活动。

下面借助DeepSeek撰写一副回文体的对联，具体操作步骤如下。

（1）打开DeepSeek平台，在文本框中输入相关提示词，具体如下。

写一副回文体吉祥对联，包括姓氏“施”。上联以“新春”开头，包含“瑞雪”“鞭炮”等元素，表达喜庆气氛。下联：以“佳节”开头，包含“团圆”“红包”等元素，表达祝福意愿。

（2）单击右侧的⬆按钮即可得到相关的回答，AI创作的对联如下。

上联：新春瑞雪映红爆，施瑞兆祥呈吉庆

下联：佳节团圆纳福包，团圆贺喜满堂施

（回文倒读为：

庆吉呈祥兆瑞施，爆红映雪瑞春新

施堂满喜贺圆团，包福纳圆团节佳）

创作思路：

回文结构：通过正反可读的回环设计，上下联首尾呼应，“施”字在联首联尾各出现一次，形成姓氏的闭环祝福。上联倒读时“施”字前置，下联倒读时“施”字收尾，形成对称美感。

元素呼应：上联“红爆”双关鞭炮与红火，“瑞雪”对应“瑞春”；下联“福包”既指红包又喻福袋，“团圆”呼应“堂施”的家族意象。倒读时“爆红”转作“红爆”，“福包”转为“包福”，保留原意又创新趣。

吉祥意象：通过“兆祥”“吉庆”“纳福”“满堂”等传统祝语，配合“瑞雪”“团圆”等节日符号，构建出立体的年节场景，达成“施”姓家族与普世祝福的和谐统一。

（3）接着输入“采用‘正反相对’的手法，创作春节吉祥对联”作为提示词，生成的相关吉祥对联内容如下。

基于“正反相对”的创作手法，结合春节吉祥主题，试作以下对联。

一、时间新旧之对

上联：辞旧岁，雪映千山寒色褪

下联：迎新元，梅开万户暖香浮

横批：万象更新

（以“辞旧”对应“迎新”，以“寒色褪”对比“暖香浮”，体现冬尽春来的时序更迭。）

二、空间南北之对

上联：北国雪飞，银装素裹乾坤净

下联：南疆风暖，姹紫嫣红岁月新

横批：天地同春

（通过地理气候的南北差异，形成“雪飞”与“风暖”、“银装”与“姹紫”的视觉与触觉对照。）

三、动静相生之对

上联：爆竹喧天，声震九霄驱晦气

下联：楹联静户，墨凝千福纳祥光

横批：动静皆吉

（“喧天”的爆竹与“静户”的楹联形成动静对比，同时“驱晦气”与“纳祥光”呼应正反主题。）

辅助小说故事创作

许多学生都在尝试自己写小说，网络上一些颇受关注的小说就是中学生写的。只要有想象力、独特的创意和对故事的基本构思，借助合适的工具就能够轻松写好一部小说。

在创作过程中，尽管不少学生有着丰富的想法，草稿本上写满了人物设定和故事主线，反复推敲着世界观与核心冲突，但一到真正落笔时，却发现难以将零散的大纲转化为连贯的情节。这些细节就像拼图碎片，明明知道整体轮廓却无法精准衔接。

这时，可以考虑利用AI来创作，只需要输入关键词或者小说的大概方向，它能自动生成符合逻辑的场景描写、人物反应甚至是悬念铺垫，既保留原创的故事框架，又能补充对话细节和环境设定，帮助学生们在保持创作热情的同时，突破卡顿的瓶颈，将脑海中的灵感完整地具象化。

接下来通过百度App作家平台来创作小说故事，具体操作步骤如下。

（1）进入百度App作家平台官方网址，进入下图所示的界面。

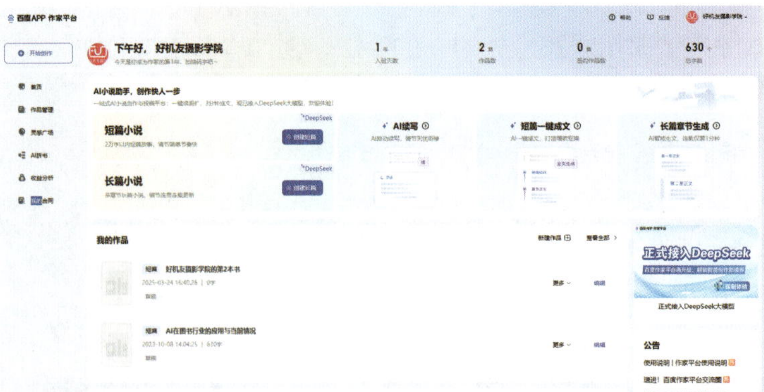

（2）如果想要创作两万字的短篇小说，可选择“创建短篇”，如果想要创建多章节的长篇小说，可选择“创建长篇”。

以创作一篇短篇小说为例，单击“创建短篇”按钮后进入下图所示小说创作界面。

（3）单击右侧菜单栏中的“全文生成”按钮，进入如右图所示的界面。

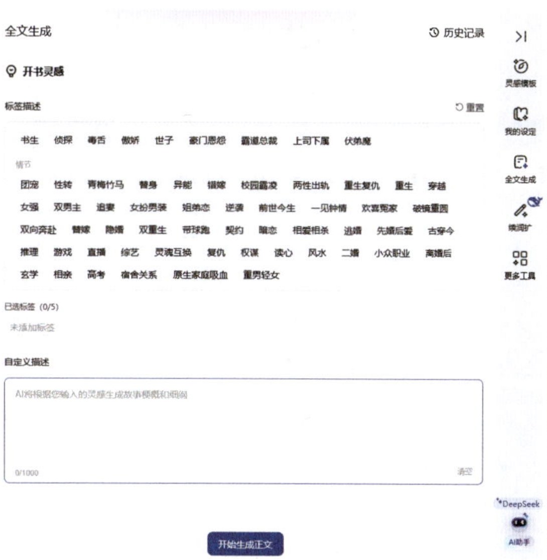

（4）在“自定义描述”文本框中输入小说的大纲，此处输入“以22世纪中叶为背景的科幻小说，那时地球因资源枯竭与环境恶化，人类依赖高科技艰难度日。主角林峰是位天才科学家，为拯救地球，秘密研究能开启宇宙能源之门的‘潘多拉计划’，取得突破性进展”。如下图所示。

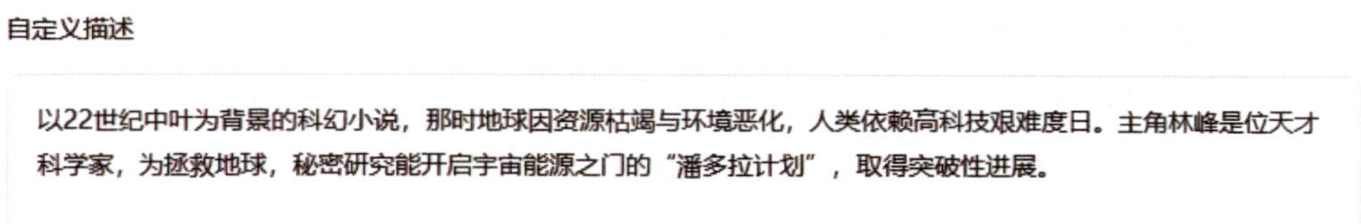

（5）在文本框上方选择与小说内容相关的标签，这里选择了“未来、天才、全能、异能”4个标签，如下图所示。

（6）单击下方的“开始生成正文”按钮，即可生成小说故事梗概，如下左图所示。随后便可生成小说故事细纲，如下右图所示。

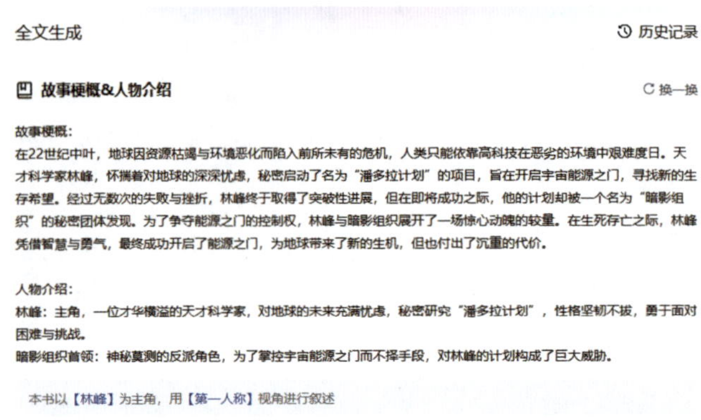

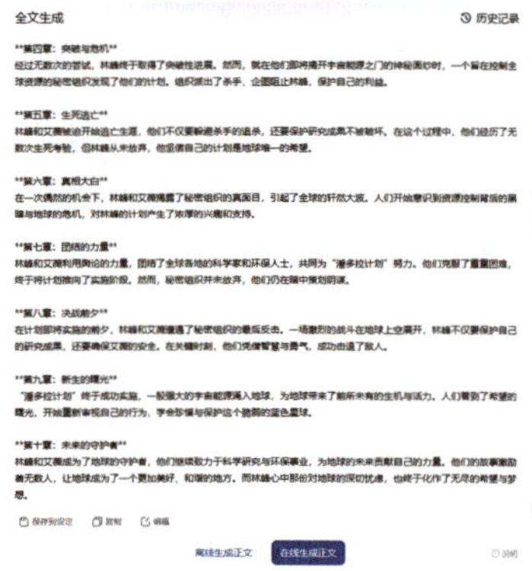

（7）在生成的小说内容下方有两个选项，一个是“离线生成正文”，即把生成的小说内容直接保存到右上方的“历史记录”中；另一个是“在线生成正文”，即继续生成小说故事内容。这里要进一步生成小说故事内容，因此选择了“离线生成正文”，生成的章节内容如下图所示。

（8）每一章内容后面会有一个“插入正文”按钮，如下左图所示，单击此按钮，即可将内容插入到左侧，如下右图所示。

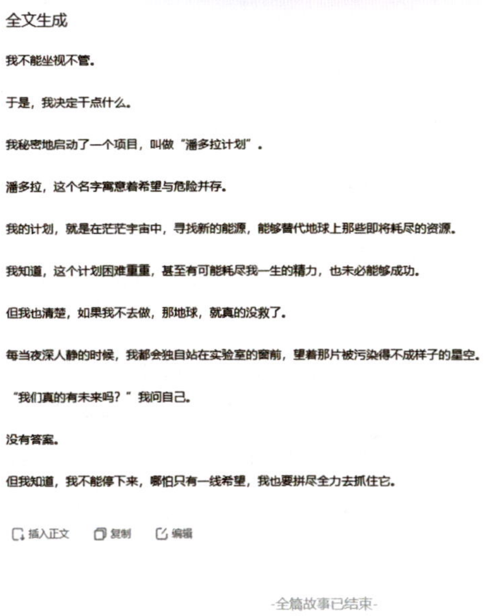

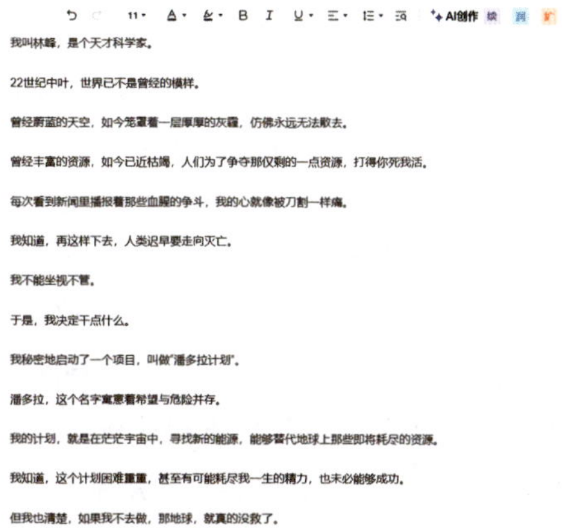

（9）在左侧的编辑区域可以对小说内容进一步优化，单击上方的续按钮，可以对小说内容进行续写；单击上方的润按钮，可以对小说内容进行润色；单击上方的扩按钮，可以对小说内容进一步扩写。

（10）单击创作界面右上方的“投稿”按钮，可以将小说投稿到百度小说App专栏，获得一定的收益，如下图所示。

文字描述一键转小说插图

在小说创作完成后，仅有文字可能会让读者感到单调，尤其是当故事中出现奇幻场景或独特的角色时，纯文本的想象力引导存在一定的局限。然而，传统的手绘插图需要掌握绘画技巧并投入大量时间，这对学生而言可能成为额外的负担。此时，可以借助AI，通过输入对场景、人物的文字描述，选择适合的绘画风格（如古风、科幻或卡通），可生成与小说内容匹配的插图。这种方式不仅大幅缩短了图片制作周期，使小说作品在保持文字魅力的同时，增添直观的吸引力。

接下来通过可灵AI生成小说插画，而小说则使用前面百度App作家平台生成的内容，具体操作步骤如下所示。

（1）首先用DeepSeek将小说内容转为图片画面。将第1章的小说内容保存到文档中。进入DeepSeek官网，关闭“联网搜索”功能，单击文本框右侧的按钮，上传小说的第1章，并在文本框中输入“我想要请你根据文档中的小说内容，让AI生成关于小说的插图，请帮我写出给AI的完整提示词”，如下图所示。

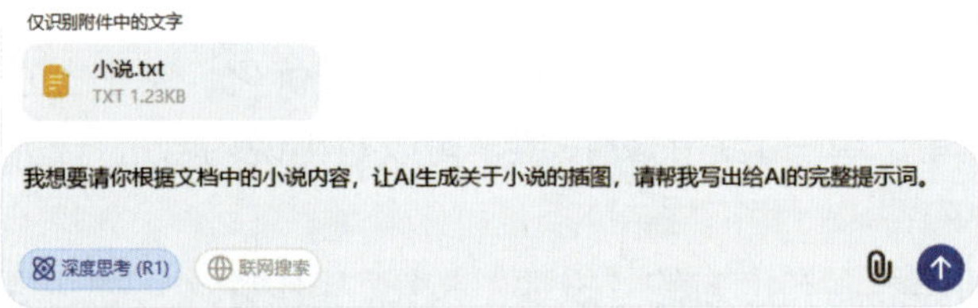

（2）单击文本框右侧的按钮，即可生成想要的内容，生成结果部分内容如下。

1. 封面级插图 [主体] 林峰逆光站在环形观测台上，白大褂衣角被能量风暴掀起 [背景] 穹顶外是紫红色的被污染的云层，地面裂痕中渗出蓝色能量流体，右肩落着电子蝴蝶 [色调] 银灰主色系，能量流的克莱因蓝作为视觉焦点 [风格] 赛博朋克。

2. 实验室工作场景 [构图] 俯视角：以六边形实验台为中心，12个悬浮屏呈原子结构排列 [动态元素] 能量晶体在磁悬浮装置中崩解，飞溅的碎片形成星云状光斑 [光影] 冷调顶光与晶体辐射的暖光在面部形成冲突。

3. 窗前沉思时刻 [环境] 双层防辐射玻璃映出残破的月球殖民地轮廓 [道具] 窗台放着半杯冷凝水，杯壁结着能源粉尘结晶 [情绪表达] 眼镜片反射着星图中闪烁的比邻星坐标点 [天气细节] 酸雨在玻璃上蚀刻出流泪般的腐蚀纹路。

（3）接下来开始生成图片。进入可灵AI，单击首页中的“AI作图”按钮，进入“文生图”界面，在界面顶端选择图片模型为“可图 1.5”，之后在文本框中输入DeepSeek提供的提示词，生成小说插图。

需要注意的是，在生成图片的过程中，对人物的描述要细化。在对小说人物“林峰”进行细化描述后，将提示词修改为“一个男人逆光站在环形观测台上，白大褂衣角被能量风暴掀起 [背景] 穹顶外是紫红色的被污染的云层，地面裂痕中渗出蓝色能量流体，右肩落着电子蝴蝶 [色调] 银灰主色系，能量流的克莱因蓝作为视觉焦点 [风格] 赛博朋克”。如下左图所示。

（4）接下来设置相关参数。设置“图片比例”为“9：16”，“生成数量”为“3”，如下右图所示。

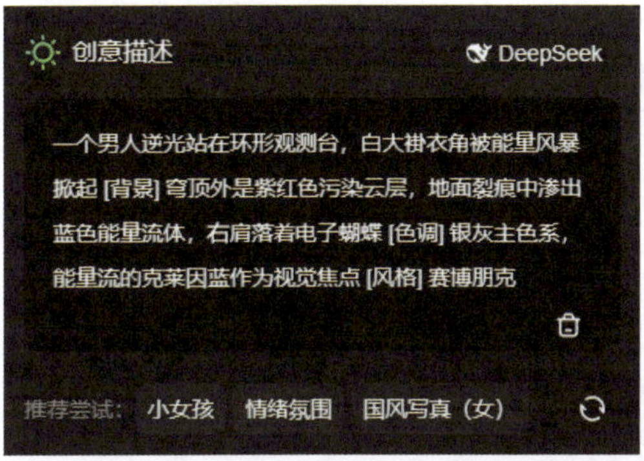

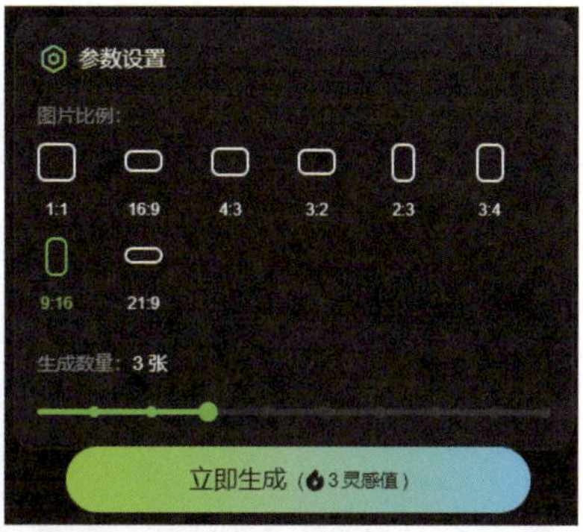

（5）单击下方的“立即生成”按钮，即可生成封面插图，如下图所示。

（6）按照以上方法生成的小说其他插图，如下图所示。

第 7 章　用 AI 玩转社交

创作个性化社交头像

线上聊天已成为学生们日常沟通的主要方式之一。为了使交流双方能够更直观地了解彼此的状态，一个能够彰显个性的社交头像显得尤为重要。比如，在自己情绪低落时，可以设计一个带有治愈系元素的头像，传递自己需要关怀的信息；又例如，在考试时期，设计一款充满学术气息与奋斗精神的头像，以此来表明自己正专注于备考，让头像成为线上交流一个独特且富有内涵的自我表达载体。

接下来通过即梦AI这个平台，将个人照片生成为个性化的头像，具体操作步骤如下。

（1）打开即梦AI，单击首页“AI作图”中的“图片生成”按钮，进入图片生成界面，之后单击提示词输入框下方的“导入参考图”按钮，如下左图所示，在弹出的窗口中选择要上传的参考图片，上传的图片如下右图所示。

（2）选择图片后，会弹出如右图所示的“参考图”对话框，在对话框下方设置“请选择你参考的图片维度”为“智能参考”，如右图所示。

» 需要注意的是，智能参考不支持更改图片比例，社交头像的比例一般为1：1，所以需要上传比例为1：1的参考图片。

（3）单击“保存”按钮，即可关闭“参考图”对话框，之后在提示词文本框中输入“插画风格，一位可爱的中国初中女生，身穿校服，留着黑色短发，微笑着摆姿势，白色背景”。如下左图所示。

» 因为上传的图片背景比较乱，所以在输入提示词时，加上了“白色背景”，确保生成的画面干净、整洁。

（4）选择生图模型。单击“生图模型”按钮，在弹出的界面中，单击“图片 2.0 Pro”“精细度”保持默认值5，如下右图所示。

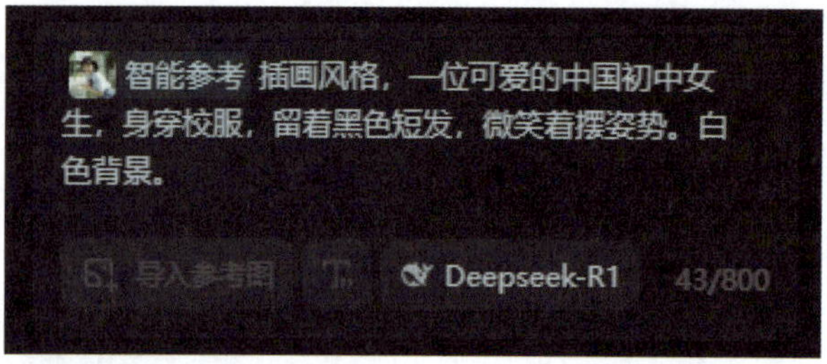

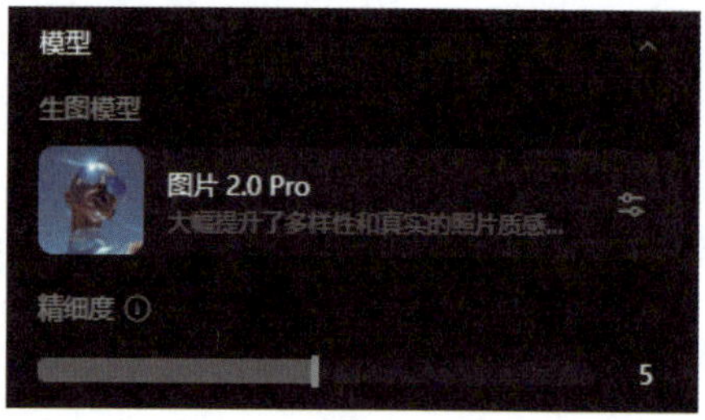

（5）单击下方的“立即生成”按钮，即可生成如下图所示的效果。

» 生成的图片具有随机性，若生成的效果不符合预期，属于正常情况，此时可以进行多次尝试，或者更换关键词。若图片基本符合预期，可在图片未达到预期效果的地方进行细节上的处理，如对图片进行细节修复或局部重绘。

（6）在生成的4幅图片中，第三幅图片比较符合预期，但是在手的上方出现了多余的元素，下面使用“消除笔”功能对其进行处理。

（7）将鼠标指针移动到第三幅图片上，此时发现在图片下方出现一行工具栏，如下左图所示，单击“消除笔”按钮，弹出如下页右上图所示的对话框。

（8）单击窗口中左下角的“画笔”按钮，之后长按鼠标左键对想要消除的地方进行涂抹，如右图所示。

（9）单击“立即生成”按钮，即可得到如右图所示的消除后的效果。

（10）接下来下载图片，用鼠标右键单击进行消除处理的图片，在弹出的快捷菜单中选择“下载图片”命令，即可对当前图片进行下载。

一键生成祝福文案

无论是节日问候、生日祝福，还是日常的温馨鼓励，文字是传递情感的重要载体。比如，在春节时，可以生成融合传统元素与新年愿景的祝福语；在朋友生日时，创作出幽默风趣或温馨感人的贺词。用AI可以快速地生成个性化祝福文案，提高效率的同时实现情感表达的精准化与创意多元化。

下面是笔者在腾讯元宝中使用的提示词。

撰写一段生日祝福文案，这个文案的格式必须是散文诗体例，祝福对象是我的好朋友小明，他是一个乐观开朗、积极向上的人，我们相识已经有三年了。这段祝福文案要温馨感人，表达我对小明的祝福和友谊。文案中可以提到小明的一些优点，如聪明才智、勤奋努力、善良真诚等，也可以提及我们一起经历的美好回忆，如初中时一起熬夜复习、参加运动会等。还要嵌入我与小明一起去过的地方——北京、上海、香港，以及我们都喜欢的歌曲《孤勇者》。最后，要表达我对小明新的一年的美好祝愿，希望他能够幸福快乐、实现自己的梦想。

得到的回复如下。

《致小明：星辰与灯火间的诗行》

——写于相识三载的春日

当北京故宫的琉璃瓦浸透第一缕晨光，上海外滩的钟声敲碎暮色，香港维多利亚港的灯火点燃星辰，我总想起你——那个在时光褶皱里永远明亮的少年。

你是一粒倔强的星子，把勤奋研磨成墨，在深夜的稿纸上写下理想的经纬。记得初三那年，我们蜷缩在图书馆角落，咖啡凉了又续，笔尖沙沙如春蚕食叶。你说：“熬过这场夜，未来定有光。”如今你眼底的星光，早已漫过那年试卷堆叠的山峦。

运动会上，你如离弦之箭刺破红色跑道，汗水折射出彩虹的弧度。我至今记得接力棒交接时你掌心的温度，像上海秋阳熨帖过梧桐叶脉，像香港骤雨后霓虹在积水中的倒影，成为青春最鲜活的拓片。

你总爱哼着《孤勇者》的旋律，“爱你孤身走暗巷，爱你不跪的模样”，这歌声曾穿越北京胡同的烟火，在上海地铁的隧道里回响，在香港太平山顶与云雾共鸣。你说歌词里藏着我们这代人的史诗——以真诚为盾，以善良为矛，在现实的战场且歌且行。

新岁的钟声即将漫过香江，愿所有期许化作黄浦江的潮汐，托起你驶向理想的舟楫；愿紫禁城的飞檐替你接住每一片星光，让勤奋与才智绽放成永不凋零的夏花。

此去经年，望你始终如初遇时那个少年——

在生活的诗行里永远押着光明的韵脚，

在岁月的五线谱上谱写属于自己的《孤勇者》。

生日快乐，我的战友，永远的追光者。

策划班级活动

班级活动是校园生活的重要组成部分，它能增强班级凝聚力、锻炼组织能力、增进同学友谊。然而，策划一场成功且有趣的班级活动并非易事。借助AI可以迅速生成多种活动主题和形式，从趣味运动会到文化知识竞赛，从户外野餐到室内DIY手工坊，应有尽有。它还能根据班级特点和同学的喜好，精准推荐适合的活动方案，并详细规划活动流程、资源分配和预算安排，帮助同学们轻松策划出既有趣又有意义的班级活动，让校园生活更加丰富多彩。

下面是笔者在Kimi中使用的提示词。

> 策划一场六年级的班级活动，主题为“青春逐梦，携手同行”，活动目的是丰富同学们的课余生活，增强班级凝聚力。活动形式为举办一场班级文艺晚会，同学们可以准备各种节目。活动流程包括前期的节目排练、场地布置，活动当天的表演和互动环节，以及活动后的总结分享。活动预算要合理控制，主要花费在场地租赁、道具购买和奖品设置上。注意事项：要确保同学们的安全和活动的纪律，为同学们留下一段美好的回忆。

得到的回复如下。

> 以下是一份关于六年级 “青春逐梦，携手同行” 班级文艺晚会活动策划。
>
> “青春逐梦，携手同行” 六年级班级文艺晚会策划
>
> 一、活动主题
>
> 青春逐梦，携手同行
>
> 二、活动目的
>
> 丰富同学们的课余生活，为大家提供一个展示才艺和个性的舞台，缓解学习压力。
>
> 增强班级凝聚力，促进同学之间的交流与合作，培养团队精神和集体荣誉感，让同学们在活动中增进友谊，共同成长，留下美好的回忆。
>
> 三、活动时间
>
> [具体日期]，[晚上具体时间段]
>
> 四、活动地点
>
> 学校多功能厅或教室（根据实际情况选择，若选择教室，需提前申请并布置）
>
> 五、参与人员
>
> 六年级全体师生
>
> 六、活动准备
>
> （一）前期宣传与节目征集（提前两周）
>
> 班主任在班级群内发布活动通知，详细介绍活动主题、目的、形式、时间、地点

等信息，鼓励同学们积极参与，踊跃报名表演节目。

设立专门的报名表格，让同学们填写节目名称、类型（如歌曲、舞蹈、小品、朗诵等）、表演人数、所需道具及音乐等信息，截止报名时间为提前一周的 [具体日期]。

班委成员负责收集和整理报名信息，初步确定节目单，并与各节目负责人沟通，了解排练进度和需求，提供必要的帮助和支持。

（二）节目排练（提前一周）

各节目负责人根据报名情况，组织参演同学利用课余时间进行排练，确保节目质量和表演效果。排练期间，班委成员和班主任要定期检查排练情况，给予指导和建议，及时解决排练过程中出现的问题，如场地安排、道具准备、人员协调等。

学校音乐老师可作为特邀嘉宾，为有需要的节目提供专业的指导和培训，提升节目整体水平。

……

定制趣味表情包

表情包在网络社交中应用广泛，能够生动地表达情感和态度，为交流增添乐趣。但如果要突出个性或满足特定场景的需求，不妨自己动手制作专属的表情包，这样能够让你的社交更加与众不同，彰显你的独特风格。同时，亲手制作的表情包往往更能精准地传达内心的真实想法，拉近与他人之间的距离。借助AI，大家可以轻松地将创意变为现实，通过简单的操作和设计，快速生成独一无二的表情包，为社交生活增添更多乐趣和个性元素。

接下来通过即梦AI这个平台来创作专属定制趣味表情包，具体操作步骤如下。

（1）打开即梦AI，单击首页“AI作图”中的“图片生成”按钮，进入图片生成界面，在文本框中输入“绘制以熊猫为主题的趣味表情包，卡通风格，熊猫坐在书桌前，抱着一本书在阅读，并在旁边写有‘疯狂学习中’的文字，文字的字体和颜色要与熊猫的形象相协调，突出熊猫的可爱和搞笑”。

» 需要注意的是，在输入提示词时，想要在生成的画面中增强文字效果，需要单击提示词输入框下方的“文字效果增强”按钮T，如下页左上图所示，单击之后会出现一对双引号，如下页右上图所示，此时只需将需要增强的文字输入进去即可，“疯狂学习中”就是按照此方法输入的。

（2）选择生图模型。单击“生图模型”按钮，在弹出的面板中，单击“图片2.1”，如下左图所示。

（3）“精细度”保持默认值“5”，选择“图片比例”为“1：1”，如下右图所示。

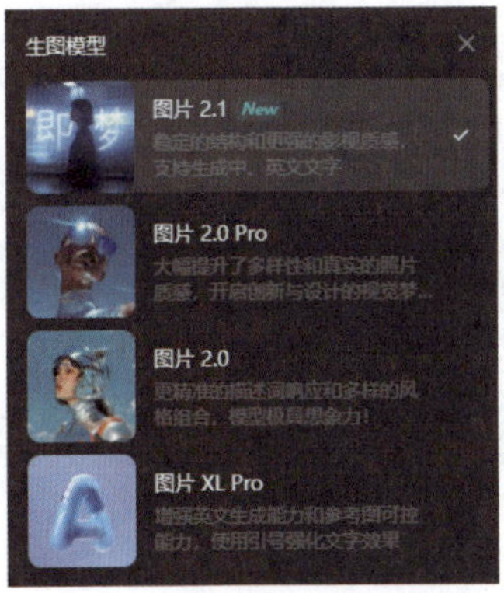

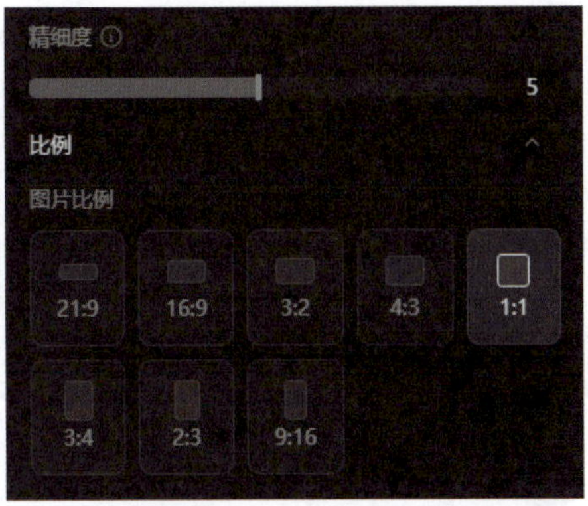

（4）单击下方的“立即生成”按钮，即可生成4张相关的图片，效果如下图所示。

» 生成的图片具有随机性，若生成的效果不符合预期，属于正常情况，此时可以进行多次尝试，或者更换关键词。若生成的图片基本符合要求，可在图片未达到预期效果的地方进行细节上的处理，如对图片进行细节修复或局部重绘。

（5）在生成的4幅图片中，第一幅图片比较符合预期，用鼠标右键单击第一幅图片，在弹出的快捷菜单中选择“下载图片”命令，即可对其进行下载，最终效果如右图所示。

（6）按照同样的方法，使用“绘制以熊猫为主题的趣味表情包，卡通风格，熊猫，哭泣的表情，皱着眉头，在书桌前，旁边放着几本书，并在旁边写有‘已被难题打败’的文字，文字的字体和颜色要与熊猫的形象相协调，突出熊猫的可爱和搞笑”，生成如下图所示的效果。

MBTI 趣味测试

MBTI人格类型理论模型可以帮助人们更好地了解自己和他人的性格特点，在人际交往和自我发展中具有重要意义。按照传统方法，人格类型分析需要做大量试题，并且由专业人员解读，过程烦琐且耗时。但现在只需跟AI做交流，就能够快速得到初步的MBTI人格类型分析。通过与AI的互动，大家可以开启一场轻松有趣的人格类型探索之旅，为自我成长和人际交往增添助力。

下面是笔者在Kimi中使用的提示词。

> 我想要通过和你的对话来探索一下自己的MBTI类型。你可以问我10个问题，或者让我回忆一下过往的一些经历、行为表现和偏好选择，以此来分析我更倾向于外向（E）还是内向（I）、感觉（S）还是直觉（N）、思维（T）还是情感（F）、判断（J）还是知觉（P）。比如你可以问我：“在社交场合中，我更喜欢成为焦点还是更倾向于安静地观察？你在做决策时更看重逻辑分析还是他人的感受？你平时更关注具体的实际信息还是倾向于寻找背后的模式和可能性？你生活更倾向于有计划和条理还是更灵活和随性？”在问问题时，不要给出提示，让我们开始吧！

Kimi的回复如下。

好呀，那我开始问了哦。

1.当你参加一个社交聚会时，你更倾向于主动与多人交流互动，还是安静地待在一旁听别人聊天？

2.在做一项重要决策时，你会更注重逻辑分析和客观事实，还是更在意他人的感受和人际关系？

3.平时获取信息时，你是更关注具体、实际的细节，还是更倾向于寻找背后的模式、意义和可能性？

4.你的日常生活更倾向于有详细的计划和安排，还是更喜欢保持灵活、随机应变？

5.当你学习新知识时，你更喜欢通过实践操作和具体案例来理解，还是更倾向于从理论概念和抽象思考中把握？

6.在面对冲突或争议时，你会更倾向于依据规则和公平原则来处理，还是更注重调和关系、照顾各方情绪？

7.你更享受有条不紊地提前完成任务，还是更喜欢在时间充裕的情况下自由安排、随时调整？

8.当你放松时，你更喜欢参加热闹的集体活动，还是独自一人安静地做自己喜欢的事？

9.在阅读时，你更偏好故事性强、情节具体的书籍，还是更倾向于富有想象力和未来感的作品？

10.当你评价一个方案时，你更看重其实际可行性和效率，还是更关注其是否符合道德和价值观？

笔者的回答如下。

1.安静地待在一旁听别人聊天

2.在意他人的感受和人际关系

3.更关注具体、实际的细节

4.有详细的计划和安排

5.更喜欢通过实践操作和具体案例来理解

6.更注重调和关系、照顾各方的情绪

7.有条不紊地提前完成任务

8.独自一人安静地做自己喜欢的事

9.更倾向于富有想象力和未来感的作品

10.更关注其是否符合道德和价值观

Kimi的回复如下。

根据你的回答，初步判断你的MBTI倾向是ISFJ。

外向（E）vs 内向（I）

你更倾向于安静地待在一旁听别人聊天，以及更喜欢独自一人安静地做自己喜欢的事，这表明你可能更倾向于内向（I）。内向型的人通常更喜欢独处或与少数亲密朋友相处，从安静的环境中获得能量，而不是在大型社交场合中活跃。

感觉（S）vs 直觉（N）

你更关注具体、实际的细节，喜欢通过实践操作和具体案例来理解新知识，以及更喜欢故事性强、情节具体的书籍，这些都表明你可能更倾向于感觉（S）。感觉型的人通常更关注现实、具体的细节和实际信息，喜欢通过感官体验来了解世界，注重当下的实际情况。

思维（T）vs 情感（F）

你在做决策时更在意他人的感受和人际关系，以及在面对冲突时更注重调和关系、照顾各方情绪，这表明你可能更倾向于情感（F）。情感型的人在做决策时更注重人际关系和他人的感受，倾向于以和谐、人道的方式处理问题，重视价值观和道德考虑。

判断（J）vs 知觉（P）

你倾向于有详细的计划和安排，喜欢有条不紊地提前完成任务，这表明你可能更倾向于判断（J）。判断型的人通常喜欢有结构和计划的生活，倾向于提前安排好事情，注重秩序和条理，喜欢按照计划行事。

总结

综合来看，你的回答更倾向于ISFJ类型。ISFJ类型的人通常富有责任心、乐于助人、注重细节、重视人际关系，喜欢在有计划和条理的环境中工作和生活，注重实际和具体的事务，同时在决策时会充分考虑他人的感受和价值观。不过，这只是基于你的回答做出的初步判断，实际性格可能更复杂和多面。如果你对结果有疑问，或者想要更深入地了解自己的性格特点，可以进一步探索和思考，或者尝试其他性格测试工具。

模拟高情商对话

学习高情商交流技巧是学生提升自我素养的重要一环，也是校园生活中不可或缺的能力。它能够帮助学生更好地表达自己的想法，更能够让学生理解他人的情感和需求。借助AI，学生可以随时随地进行模拟练习，AI会根据不同的场景提供个性化的建议和反馈，帮助学生提升语言表达能力，增强同理心，从而在人际交往中更加自信和从容。

下面是笔者在腾讯元宝中使用的提示词。

你借给朋友一本书，但朋友没有按时归还，你有些生气，朋友却觉得你太小气，面对这种情况，请帮助我学习高情商交流技巧，目标是提升我的沟通能力，希望通过学习，能够更好地理解他人的情绪和需求，有效地表达自己的想法和感受，建立良好的人际关系，并在冲突和分歧中保持冷静和理智，寻求双方都能接受的解决方案。

得到的回复如下。

面对这种情况，我们可以通过以下高情商沟通框架化解矛盾，既维护自己的权益，又保护人际关系。以下是分步骤的解决方案。

第一步：自我情绪管理（冷静期）

1.觉察情绪：对自己说“我现在感到生气，是因为我重视承诺和书籍的归属权。”

2.延迟反应：给自己24小时冷静期，避免在情绪顶点沟通。

3.换位思考：设想朋友可能存在的困难（如工作忙/健忘/对书籍价值认知不同）。

第二步：营造沟通氛围（破冰技巧）

错误示范：“你借书不还还有理了？”

正确示范：

“最近在看那本书吗？我刚好需要查个资料”

“上次那本书里有段话特别有意思，你读到哪儿了？”

第三步：非暴力沟通四步法

1.观察事实（不带评判）：

“这本书借出已经三个月了。”

2.表达感受（使用“我”开头）：

“我发现自己最近想到这本书时有点焦虑。”

3.说明需求（具体明确）：

“我特别珍惜自己的藏书，希望能定期整理书柜。”

4.提出请求（可协商）：

“你看这周方便带过来吗？或者我顺路去取？”

第四步：应对常见反驳的回应策略

当对方说“你太小气”时，

接纳情绪：“听起来你觉得我在意这件事有点意外。”

澄清意图：“其实我特别乐意分享，只是需要规划阅读安排。”

提供台阶：“可能我之前没说明白归还时间，怪我！”

……

创作爆笑脱口秀剧本

幽默是社交润滑剂，能让人际交往更加轻松愉快。学生们在日常交流中，如果能够运用幽默元素，将普通对话变成类似于脱口秀或相声般的有趣互动，就更能够化解尴尬、增进友谊。通过学习用AI生成幽默段子，大家不仅能够掌握一项新颖的技能，还能在社交中更加自信地展现自己的幽默感。这一过程有助于提升大家的创造力和表达能力，让大家在娱乐他人的同时，也能收获更多的友谊和快乐。

下面是笔者在腾讯元宝中使用的提示词。

你是一位擅长校园幽默的喜剧编剧，请以“中学生带手机到校的100种翻车现场”为主题，创作3段适合班级文艺汇演的脱口秀剧本。要求：每段包含“预期违背+谐音梗”结构；结合学科知识吐槽；结尾需传递积极的价值观。

得到的回复如下。

《中学生手机生存指南》校园脱口秀三则

【第一幕：物理老师的“惯醒”教育】

（背景音效：上课铃声）

“昨天物理课讲到惯性定律，我同桌非要验证一下实践出真知——趁老师写板书时低头打游戏！结果老师突然转身，他吓得手一抖，手机在抛物线运动中以9.8m/s^{2}的加速度飞向卫生角！”（双手比画抛物线）

（突然变严肃脸）“张伟同学，这波操作充分验证了惯性定律。”（推眼镜模仿老师）“不过根据能量守恒定律，你手机电量应该转移到我的办公桌抽屉了。”（观众笑）

（谐音梗预警）“后来我们才明白，老师说的‘惯醒’不是物理概念，是警告我们上课睡觉玩手机迟早要清醒啊！”（拍大腿）“所以同学们，惯性是物体的固有属性，但上课玩手机是人类的作死属性啊！”

（积极收尾）“不过张伟因祸得福，现在他手机屏保是牛顿画像，每天默念三遍：‘学霸棺材板，压我别乱翻！’”

【第二幕：化学实验的“现眼”包】

（戴护目镜摆弄试管）“上周化学实验课，李雷偷偷用手机拍镁条燃烧。眼看就要拍到‘真镁现场’，结果手一抖——手机掉进了稀盐酸！”（双手捂脸）

（模仿手机语音）“Siri临终遗言：检测到液体……建议关机……但主人你脑子进硫酸的时候怎么不关机？”（观众爆笑）

（谐音梗翻转）“老师走过来幽幽地说：‘这个置换反应很成功嘛，手机里的铜导线置换出了满教室的尴尬空气。’”（做搅拌动作）“知道什么叫‘显影’吗？就是你的愚蠢行为在班群里现场直播！”

（学科吐槽）“所以同学们记住，实验室只能发生可控化学反应，而带手机进实验室——你会变成不可控的搞笑反应！”

（积极升华）“现在李雷的手机在溶液里继续发光发热——当了教室的酸碱度检测仪。看，废物利用也是化学精神！”

……

AI 充当实时导游

每个假期都是学生们增长见识的好机会，正如读万卷书，行万里路。但在旅行过程中，难免会遇到对景点了解不足的情况。这时可以借助AI技术，化身成为专业的小导游，让自己或朋友以及家长在生动的讲述中获得更多的知识。

通过AI导游，学生们不仅能为旅行团提供详尽的景点介绍，还能根据游客的兴趣点生成个性化推荐，让每一次旅行都充满惊喜。这样不仅锻炼了大家的表达能力和逻辑思维能力，而且增加了知识储备，提升了对新技术的应用能力。

下面是笔者在腾讯元宝中使用的提示词及上传的图片。

> 我现在在北京，请帮我讲解一下这个地方的历史背景、建筑特色、文化内涵。

得到的回复如下。

> 关于天坛祈年殿的讲解，我将从历史背景、建筑特色、文化内涵三方面为您展开。
>
> 【历史背景】
>
> 始建于明永乐十八年（1420年），初名“大祀殿”，是明清两代皇帝举行祭天祈谷大典的核心场所。明嘉靖二十四年（1545年）改建为三重檐圆形大殿，更名为“大享殿”，清乾隆十六年（1751年）正式定名“祈年殿”。
>
> 作为古代中国最高规格的祭祀建筑，明清两代22位皇帝在此举行过654次祭典，光绪十五年（1889年）曾遭雷击焚毁，现存建筑为按原制重建。

【建筑特色】

三重檐攒尖顶：38米高的圆形殿宇以28根楠木柱支撑，三层蓝色琉璃瓦檐逐层收缩，象征“天圆地方”宇宙观。屋檐直径分别为30米（下层）、23米（中层）、15米（上层），暗合节气、时辰之数。

数字密码：

中央4根“龙井柱”代表四季

中层12根金柱象征十二月

外层12根檐柱对应十二时辰

合计28柱暗合二十八星宿

彩绘艺术：梁枋施以最高等级的和玺彩画，金龙飞腾、瑞凤呈祥的图案以天然矿物颜料绘制，历经百年仍色彩绚丽。

【文化内涵】

天人对话的圣殿：三层汉白玉须弥座象征天、地、人三才，殿内龙凤纹样寓意皇帝“受命于天”。每年正月皇帝在此举行祈谷大典，通过乐舞、祝文、玉帛的仪式与天沟通。

农业文明的丰碑：建筑群以青瓦对应东方木德（主生长），配殿的24间廊房象征二十四节气，整体构成中国古代最完整的农业祭祀体系。

哲学具象化典范：圆形平面与方形围墙形成“圜丘方泽”的天地对应，东西配殿的日晷、时辰牌位与主体建筑共同构成时空统一的宇宙模型。

站在丹陛桥上仰望这座无钉无梁的木构奇迹，建议特别关注鎏金宝顶与云纹望柱的精妙组合，这是古代工匠为增强防雷效果所做的特殊设计。晴天午后阳光斜照时，三重蓝瓦会呈现由深靛到天青的色彩渐变，正是“青霄白玉阙”的诗意写照。

辅助推理解谜游戏

推理解谜游戏能锻炼学生的逻辑思维和推理能力。在解谜过程中，可能会遇到一些难以突破的关卡，花费大量时间也找不到答案。AI就像是一个智慧的伙伴，当学生陷入困境时，它可以提供一些思路和提示，帮助学生打开解谜的大门。同时，AI还能生成各种类型的谜题，满足学生不同的挑战需求，让学生在推理解谜的过程中不断提升自己的思维能力。

下面是笔者在Kimi中使用的提示词。

帮我解答一下这个谜题：“半部春秋，打一个字”。有详细的推理过程，语言通俗易懂。

得到的回复如下。

这个谜题“半部春秋，打一个字”的答案是“秦”字。以下是详细的推理过程。

拆解“半部春秋”：“半部”暗示取“春”和“秋”两个字的各一半部分来组合成一个新字。

拆分“春”字：“春”字可以拆分为“三”“人”“日”。取其上半部分的“三”和“人”组合成“秦”字的上半部分。

拆分“秋”字：“秋”字可拆分为“禾”和“火”。取其下半部分的“火”。

组合成“秦”字：将“春”的上半部分“三”“人”与“秋”的下半部分“火”组合在一起，形成“秦”字。

第 8 章　AI 助力特长培养

辅助跆拳道练习

跆拳道作为结合力量与技巧的运动，不仅可以强身健体，还能培养坚毅精神与自我防卫能力。对学生而言，掌握跆拳道技巧有助于增强自信，塑造坚毅的性格。如今，AI技术的融入为学习跆拳道带来了革新体验。学生可以根据自己的实际情况向AI提问，AI会针对个体差异定制个性化训练方案，精准纠正姿势，提升训练效果。这种技术辅助突破了传统教学中依赖主观经验的局限性，使训练过程更客观、精准。

下面是笔者在腾讯元宝中使用的提示词。

> 我是一名六年级的男生，我的身高是170厘米，在侧踢的时候总是踢不高，根据我的情况分析一下侧踢踢不高的原因，并详细讲解纠正方法、实战应用和训练建议，让我把握侧踢的动作要领，改善我的情况。

得到的回复如下。

> 侧踢踢不高的原因分析及解决方案
>
> 一、可能的原因分析
>
> 1.柔韧性不足
>
> 髋关节活动度差：侧踢需要髋关节外展和屈曲能力，若髋部肌肉（如髂腰肌、股直肌）紧张，会限制抬腿高度。
>
> 大腿后侧（腘绳肌）紧张：腘绳肌过紧会限制腿部向上伸展。
>
> 腰部柔韧性差：侧踢时需略微后倾保持平衡，腰部僵硬会影响动作幅度。
>
> 2.技术动作错误
>
> 支撑脚未旋转：侧踢时支撑脚未外转90°，导致髋关节无法充分打开，影响踢腿高度。
>
> 未转髋发力：仅用腿部力量踢击，未通过旋转髋部带动腿部，导致力量分散。
>
> 身体重心不稳：踢腿时身体后仰或前倾，破坏平衡，限制高度。
>
> 3.核心与腿部力量不足
>
> 核心肌群薄弱：腹部、下背部力量不足，无法稳定躯干，导致踢腿时摇晃。
>
> 腿部爆发力差：股四头肌、臀大肌力量不足，难以快速抬腿至高位。
>
> 4.心理因素
>
> 担心失去平衡或摔倒，不敢全力踢高。
>
> 二、纠正方法与动作要领
>
> 1. 柔韧性训练
>
> 动态拉伸（每日训练前）
>
> 高抬腿跑：每组30秒，3组，激活髋部肌肉。
>
> 侧向摆腿：扶墙侧向摆动腿，每组15次×2侧，提高髋关节活动度。

静态拉伸（训练后）

坐姿分腿拉伸：坐地双腿分开至最大角度，身体前倾，保持30秒×3组。

弓步侧压：侧弓步下压，拉伸大腿内侧，每侧30秒×2组。

站姿腘绳肌拉伸：抬腿放于栏杆上，身体前倾，保持20秒×3组。

2. 技术分解练习

扶墙辅助侧踢

单手扶墙，支撑脚外转90°，膝盖微屈。

缓慢抬腿至最高点（脚尖勾起，力达脚跟），保持1秒后放下。

每组10次×3组，专注于转髋动作。

慢动作空击

分解动作：提膝→转髋→踢出→收回，每个阶段停顿2秒。

感受髋部带动腿部发力的轨迹，逐步加速。

3. 力量训练

核心强化

侧平板支撑：每侧保持30秒×3组，增强侧腹稳定性。

仰卧举腿：平躺抬腿至垂直，控制下落，15次×3组。

腿部爆发力

弹力带侧踢：将弹力带固定于脚踝，侧向踢出，每组12次×3组。

台阶提膝：快速提膝踩踏台阶（30cm高），每腿15次×3组。

4. 心理调整

渐进式高度挑战：在软垫或沙袋上标记目标高度（如腰部→胸部→头部），逐步突破心理障碍。

对镜/录像反馈：录制侧踢动作，对比标准姿势（如李小龙侧踢），自我纠正细节。

……

围棋特训

学习围棋能锻炼学生的思维能力、专注力和大局观。但围棋的学习是一个长期的过程，在对弈中常常会遇到各种难题，找不到合适的应对策略。如果借助AI学习围棋，它可以提供围棋的相关技巧，帮助学生积累实战经验，还能根据自身水平获得个性化指导。这一过程不仅能够帮助学生深入理解围棋奥秘，还能激发大家对传统智力运动的兴趣，感受其深厚的文化底蕴。

下面是笔者在Kimi中使用的提示词及上传的图片。

分析一下黑棋下一步应该怎么下。

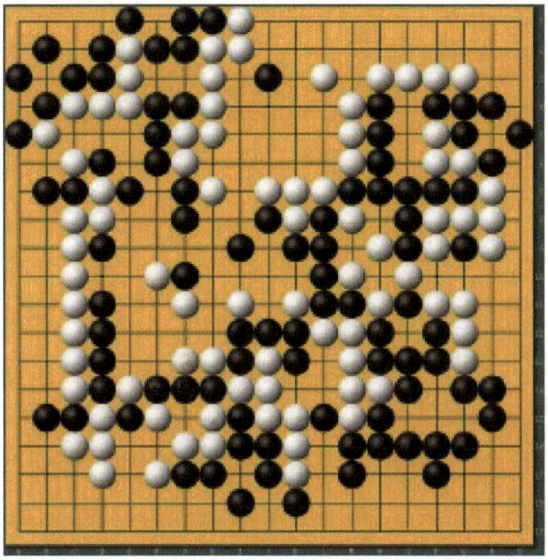

得到的回复如下。

从图中可以看出，黑棋当前的形势比较复杂，需要根据整体布局和局部情况来决定下一步的策略。以下是对黑棋下一步的分析和建议。

整体布局分析

地盘与发展：黑棋在左下和右上角的地盘相对稳固，但在中腹和右下角的形势较为复杂。黑棋在中腹有较多的子，但尚未形成明确的地盘，需要进一步发展和巩固。

白棋的威胁：白棋在中腹和右下角有一定的势力，对黑棋形成了一定的威胁。特别是在中腹，白棋的子分布较为分散，但有可能形成包围圈，限制黑棋的发展。

局部情况分析

中腹的争夺：中腹是双方争夺的焦点。黑棋在中腹有较多的子，但白棋也在逐步渗透。黑棋需要在中腹找到合适的下法，既巩固自己的地盘，又限制白棋的发展。

右下角的复杂性：右下角的形势较为复杂，黑棋和白棋的子交错分布。黑棋需要考虑如何在右下角形成有效的包围，同时避免被白棋反包围。

具体下法建议

1.中腹的巩固与发展：在中腹的某个位置下子，如中腹的某个交叉点，以巩固黑棋在中腹的地盘，并对白棋形成压力。这有助于黑棋在中腹形成更大的势力范围，同时限制白棋的发展。

2.右下角的包围与反包围：在右下角的某个位置下子，如右下角的某个交叉点，以加强对白棋的包围。这有助于黑棋在右下角形成更大的地盘，同时限制白棋的活动空间。

3.整体布局的平衡：在整体布局上，黑棋需要平衡地盘与发展。既要巩固已有的地盘，又要寻找新的发展机会。在中腹和右下角的下法需要相互配合，形成整体的攻势。

总结

黑棋下一步的关键在于中腹和右下角的处理。在中腹下子可以巩固黑棋的地盘并限制白棋的发展，而在右下角下子可以加强对白棋的包围。具体选择哪个位置，需要根据对手的下法和整体形势进行灵活调整。

学习演讲技巧

在校园演讲比赛或在日常的课堂展示中，很多学生会因紧张而忘词或卡顿。如今借助AI可以有效地改善这一问题。AI可以提前帮助学生打磨稿件，优化语句逻辑，它就像一位严谨的评审，会指出用词不恰当、断句不自然的地方，让学生有针对性地改进。同时，AI可以模拟多种演讲场景，从日常班级分享到大型比赛舞台，让学生在不同的氛围中锻炼心理素质。借助AI，能够更好地突破表达的胆怯，激发对演讲艺术的兴趣，感受语言的力量与魅力。

下面是笔者在腾讯元宝中使用的提示词。

我是一名来自山西太原市的初中生。我的家乡以其丰富的煤炭资源闻名，长期以来，煤炭产业为太原带来了经济上的繁荣，但同时也给环境带来了巨大压力。在煤炭开采过程中，我们面临着地表植被破坏、水土流失等一系列问题。此外，煤炭燃烧产生的大量废气严重影响了空气质量。近期，我正在为一场以“环保的重要性”为主题的演讲比赛做准备。在演讲中，我希望能够结合家乡的现实情况，来突出环保的主题，请帮我梳理出一份有条理、有深度的演讲内容。

得到的回复如下。

演讲稿框架：环保的重要性——从太原的“黑金困境”到绿色觉醒

（结合太原煤炭产业与环境治理案例，分层次阐述环保的紧迫性与实践意义）

一、家乡的“黑金荣耀”与生态代价

煤炭经济的双面性

太原作为全国重要煤炭基地，曾以“煤都”之名支撑国家能源需求，贡献了全省近1/3的GDP。

但高强度开采导致地表塌陷面积达463平方千米，形成112平方千米采煤沉陷区，植被破坏、水土流失加剧，西山地区一度沦为“垃圾山与煤矸石场”。

空气与水的双重危机

煤炭燃烧释放的PM2.5曾让太原长期位于全国空气质量排行榜倒数的位置，2022年优良天数仅241天；汾河因工业污水直排成为“黑水河”，地下水水位下降16米。

数据对比：2017年太原PM2.5浓度超国标两倍，2024年降至历史最低4.73，优良天数增至248天，体现治理成效。

二、环保行动：从“伤疤修复”到生态重生

山河治理的太原模式

西山蜕变：通过“政府引导+市场运作”，建成玉泉山等18个城郊森林公园，绿化覆盖率从20%升至80%，垃圾山变万亩花海。

汾河新生：实施“九河治理”，铺设污水管网、建设湿地，汾河水质从劣Ⅴ类提升至Ⅲ类，重现“一泓清水入黄河”盛景。

能源转型与产业升级

禁燃区与减煤：2023年划定市区高污染燃料禁燃区，淘汰落后焦化产能972万吨，推动太钢等企业超低排放改造。

绿色能源探索：可再生能源装机占比从14.7%增至33.8%，氢能、光伏项目加速布局，打造“零碳矿山”试点。

三、环保为何关乎每个人的未来

健康与生存的底线

空气污染曾导致呼吸系统疾病高发，土壤重金属污染威胁粮食安全。环保是“生命线”，而非选择题。

经济与生态的共赢

西山生态修复带动文旅产业，2024年樱花节吸引数十万游客；清洁能源创造新的就业机会，证明“绿水青山就是金山银山”。

全球责任与青年使命

太原的“双碳”目标（2030年碳达峰、2060年碳中和）是中国对《巴黎协定》承诺的缩影。

呼吁行动：从垃圾分类、节约用电到参与植树，每个人都是生态链的一环。

……

培养音乐素养

无论是学习乐器演奏还是声乐，学生都可能会在音准、节奏、表现力等方面遇到困难。AI可以成为学生专业的音乐老师，它能实时纠正学生的发音和演奏技巧，提供丰富的音乐教学资源和曲谱。同时，AI还会根据学生的喜好推荐适合的音乐风格和作品，让学生在音乐的世界里尽情探索，感受旋律的美妙与艺术的魅力。

下面是笔者在腾讯元宝中使用的提示词。

我是一名六年级的女生，在唱《青花瓷》这首歌时总是高音唱不上去，声音嘶哑，请告诉我出现这种情况的原因，以及怎样改善。语言通俗易懂，方法详细。

得到的回复如下。

根据你的情况，高音唱不上去且声音嘶哑可能有以下原因及改善方法。

一、可能的原因

1.发声方法不当

用喉咙“硬喊”高音会导致声带过度摩擦，像橡皮筋被过度拉扯一样。很多学生唱高音时习惯抬高下巴、脖子紧绷，这样会让声带充血，声音变得沙哑。

2.声带疲劳或轻微损伤

频繁练习高音或大声喊叫会让声带“累到罢工”，就像跑步后腿酸一样。如果感冒后嗓子发炎，声带肿胀也会影响高音。

3.变声期影响（可能性较低）

六年级女生可能处于变声初期，声带正在发育，会比平时更敏感，但变声期高音问题通常不会持续太久。

二、改善方法

第一步：学会正确呼吸

腹式呼吸练习

躺下时把手放在肚子上，吸气时肚子鼓起，呼气时肚子收缩。唱歌时用这种呼吸方式，能让气息更稳，减少喉咙用力。

第二步：调整发声位置

用“头腔共鸣”唱高音

想象声音从额头或鼻子发出，像哼鸣“嗯——”的感觉。可以对着镜子练习，确保舌头放平（舌尖轻抵下牙内侧），喉咙放松。

练习示例：用“wu”音从低到高滑音，感受声音在头部的振动。

第三步：高音技巧训练

假声过渡法

遇到实在唱不上去的高音（比如“天青色等烟雨”的“天”字），可以切换成轻柔的假声，像吹口哨一样让声音“飘”上去，避免硬喊。

母音变形法

把高音的“a”改成“o”（比如“帘外芭蕉惹骤雨”的“雨”字），嘴巴呈圆形，能减少声带压力。

第四步：保护嗓子

每天“静音时间”

练习后让嗓子休息30分钟，小声说话、不喝冰水。

润喉小技巧

练习前喝温水含服蜂蜜（不要用刺激性含片），保持喉咙湿润。

三、注意事项

如果声音嘶哑超过两周，建议去医院检查是否声带小结（需喉镜确诊）。

避免食用辣条、碳酸饮料等刺激食物，睡前两小时不进食（防止胃酸反流刺激嗓子）。

……

科学制订锻炼计划

健身对学生来说至关重要，它能帮助学生保持良好的身体状态，提高学习效率。然而，很多学生在健身过程中会遇到各种问题。比如，在动作规范、训练计划、效果评估等方面可能会感到困惑。还有很多学生在健身时可能不知道如何选择适合自己的运动项目和制订合理的训练计划，甚至可能因为错误的运动方式导致受伤。AI在健身指导方面具有独特的优势，它可以实时纠正动作，预防运动损伤，还能根据身体状况和健身目标制订个性化计划，科学地评估训练效果。

下面是笔者在腾讯元宝中使用的提示词。

> 我是一名六年级的男生，身高175，体重130斤，在体质检测中我的引体向上总是不及格，请根据我的自身情况帮我制订一个计划，帮助我在半年后的体质检测中能够及格。

得到的回复如下。

> 根据你的身高、体重（175cm/65kg）和六年级学生的体能基础，结合多份专业训练指南，为你制订以下6个月分阶段提升计划。建议每周训练3～4次，每次40～60分钟，注意训练前必须热身，训练后充分拉伸。
>
> 第一阶段：基础强化期（第1个月～第2个月）
>
> 目标：增强上肢力量，改善体重力量比
>
> 1.悬挂训练（每天）
>
> 直臂悬垂：3组×20秒→逐步延长至60秒
>
> 屈臂悬垂：3组×10秒→延长至30秒（下巴过杠保持）
>
> 技巧：全握杠，肩胛骨下沉，避免耸肩
>
> 2.力量替代训练（隔天交替）
>
> 夹臂俯卧撑：4组×10次（大臂紧贴身体两侧）
>
> 反向划船：3组×8次（可用桌子或低杠）
>
> 弹力带辅助引体：3组×5次（选择高阻力带）
>
> 3.减脂有氧（每周3次）
>
> 跳绳：5组×1分钟（组间休息30秒）
>
> 慢跑：20分钟（配速7～8分/千米）
>
> 第二阶段：动作掌握期（第3个月～第4个月）
>
> 目标：建立正确发力模式，完成1～3个标准引体
>
> 1.离心训练（重点）
>
> 跳起至下巴过杠，缓慢下放（4秒/次）：3组×3次→增至5次
>
> 沉肩后仰训练：3组×15次（体会重心控制）

2.组合训练

弹力带辅助引体：4组×5次（换中等阻力带）

反向划船+悬挂：超级组3组（划船8次+悬垂30秒）

3.核心强化

平板支撑：3组×40秒→60秒

仰卧举腿：3组×12次

第三阶段：数量突破期（第5个月～第6个月）

目标：稳定完成5个以上标准引体

1.阶梯训练法

标准引体：3组×最大次数（休息2分钟）

辅助引体：3组×（最大次数+2）

2.爆发力训练

击掌引体（辅助带）：3组×3次

高拉引体：3组×5次（胸部触杠）

3.模拟测试

每周1次计时测试：3组×力竭次数（记录进步）

加入摆浪引体训练（在考试允许情况下）

……